盲点を見逃さずにとらえる！

カラー版

# 機械保全のための日常点検・調整作業

小笠原邦夫［著］

日刊工業新聞社

Introduction

# 些細な兆候も逃さない<br>突発故障を防ぐ点検技能を体得しよう

みなさんの現場で使用している設備は、どのくらいの期間稼働していますか。設備は経年劣化のほか、使い方の悪さや交換後の取り付けミスによっては、寿命を迎える前の損傷につながります。そのため、設備導入当初に作成した点検表以外の部位から、動きの鈍さや振動、油漏れ、位置ズレなどの「故障・不具合」が発生しているはずです。

保全担当者が少ないことや、当面の製造を維持することで手一杯になるなどで、「故障・不具合」に十分対処できていない現実も否めません。そのため設備を限界近くまで使い、機械が動かなくなってから保守対応（事後保全）に乗り出すという考え方もあります。

しかし高経年設備では、すでに部品の入手が困難なものや、代替品に交換すると取り付け穴位置が異なるなど、1つの部品の交換のために設備自体が機能しなくなることが起こります。このような事後保全で対処し難くなる問題を防ぐために、自主保全活動による設備の劣化状況診断や、修理や交換の予兆を見つける予知保全が期待されています。ただし、その第一歩は、生産設備の日常点検が的確に実施されていることが前提です。

日常点検では設備の異常を発見し、故障を防ぐ重要な目的があります。したがって、形式的に「チェックリストに『レ点』をチェックするだけ」ではまったく意味がありません。

特に大掛かりな交換作業を防ぐには、保全担当者のみならず日々設備と向き合っている製造担当者も、異常を判断するスキルを身につけておくことが重要です。そのためには、「どのポイントを点検すべきか」「どの状態が異常なのか」「交換すべきか、調整で対応できるのか」など一連の技能を体得することが求められます。

そこで、自動化設備における製造工程で必要な点検箇所について考えてみます。生産性に直接影響する材料加工工程では、変形を起こしていない固定治具（バイス）や損傷のない工具を選定することが大切です（これは、治工具の保全になります）。また、繰り返し精度が得られる測定器を用いて正確に測定します（測定器の保全と呼びます）。これらは、作業者が機器の良否判断を行って選定しなければなりません。

一方で、機械設備を維持するには潤滑油の定期交換が不可欠です。したがって、摺動面の摩耗や異物混入によるシール（封止材）の損傷を防ぐことが問われます（潤滑とシールの保全が必要です）。また、設備導入時から使用されてきた電気系統は、制御盤内部に配置される部品・ユニットの経年劣化やセンサー類の損傷による機能停止が発生します（電気機器の保全が求められます）。

最後に、設備の動力源について触れます。今日では電動化が進んでいますが、生産設備の多くは空気圧や油圧による圧力制御機器が多用されています。圧力系統も電気系統と同様に、点検すべきポイントを押さえることで異常を判断することが可能です（圧力機器の保全と言えます）。そこで本書では、こうした生産性に直接影響する「治工具」「測定器」「潤滑・シール」「電気機器」「圧力機器」の5つの分野に注目して、日常点検と修復のスキル向上を目指します。

本書を参考に自社設備の不具合が発生しやすい部位を点検し、部品交換時などに適切に調整作業が進められるよう、方法の見直しにつなげてみてください。生産に関わる担当者が異常を診る視野を拡げ、その機会を増やすことが、機器の寿命を延ばすことにつながります。

最後に本書の企画段階から多くのアドバイスをいただき、出版に尽力いただきました日刊工業新聞社出版局書籍編集部の矢島俊克氏に深くお礼申し上げます。

著　者

盲点を見逃さずにとらえる！
# カラー版 機械保全のための日常点検・調整作業

## 目次

## 第5章 うまく使えば利点も多い 空気圧・油圧機器の保全周期を延ばそう

【圧力機器の保全】

# 第1章

# 生産性を上げたければ治工具の取り扱いを見直す

## 【治工具の保全】

治工具（治具）には、同じ形状の製品を繰り返し位置決めしたり、固定したりする機能が求められます。そのため、「検査用」「材料固定用」「工具固定用」というように専用のものが用意されることが一般的です。

しかし、材料加工時に間違った取り付け方をすると、ガタガタと振動音が生じ、切削力に負けた治具は高い精度を維持することが難しくなくなります。治具の変形や工具寿命の低下は当然、生産性にも影響が及びます。治工具の正しい取扱方法を体得することが「はじめの一歩」となります。

# 1-1 検査用治具の点検

検査用治具は、寸法基準や熟練度の差による検査値のバラツキを起こさないために使用されます。検査用治具の使用例と取り扱うときの点検ポイントを示します。

### ①検査用治具を用いて製品寸法を判断する

### パスを用いた外径寸法の判定

**図1-1-1**に外パスを示します。外パスは円筒部品の外径寸法判定として使用します。2つのパスは寸法公差（上限と下限）を示し、この範囲内であれば良品と判断します。一般的にノギスの外側ジョウでは届かない大きなパイプや、寸法精度を大きく問わない板金加工などで使用されます。使用後は油を塗布して、鉄製パスの錆びを防ぎます。

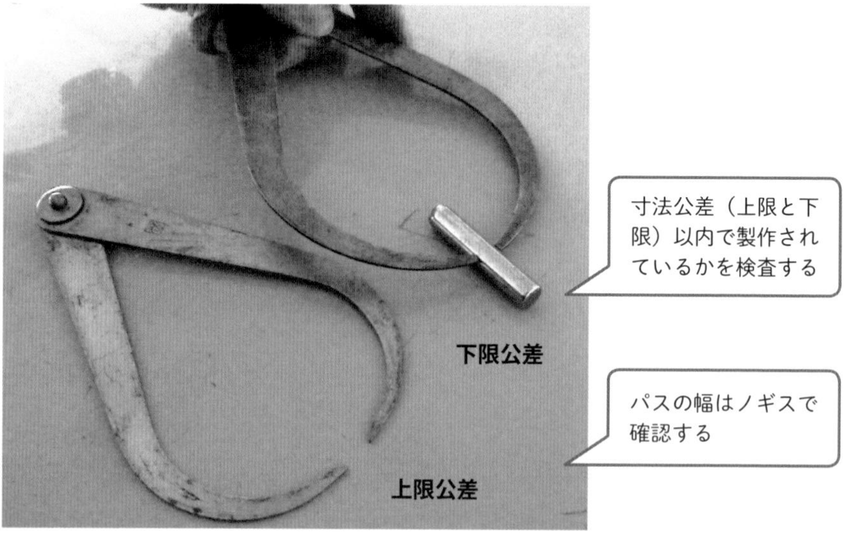
寸法公差（上限と下限）以内で製作されているかを検査する
下限公差
パスの幅はノギスで確認する
上限公差

図1-1-1 パスを用いた簡易判定

## ピンゲージを用いた内径寸法の判定

**図1-1-2**に穴加工品の内径測定を示します。ノギスで一つひとつ測定して良否判定したのでは時間がかかります。これを、効率良く高い寸法精度で検査するには特殊ゲージを活用します（**図1-1-3**）。寸法の異なる2つの径で寸法公差（上限と下限）が製作されます。特殊ゲージは0.001mmで製作されるため、製品検査による合否判定が可能です。

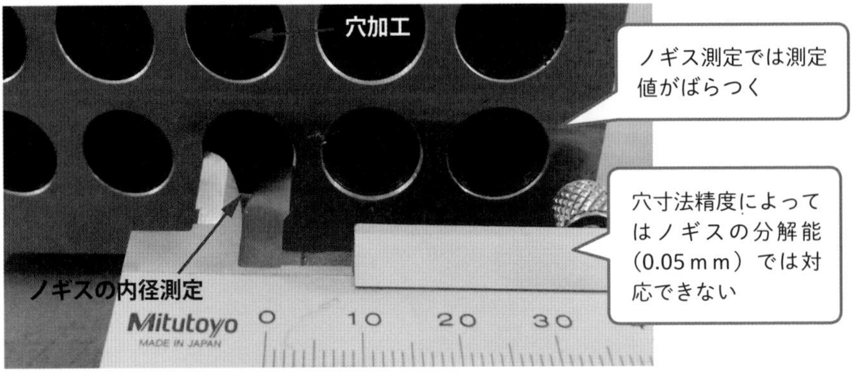
穴加工
ノギス測定では測定値がばらつく
穴寸法精度によってはノギスの分解能（0.05mm）では対応できない
ノギスの内径測定
Mitutoyo
MADE IN JAPAN
0 10 20 30

図1-1-2　時間がかかるノギス測定

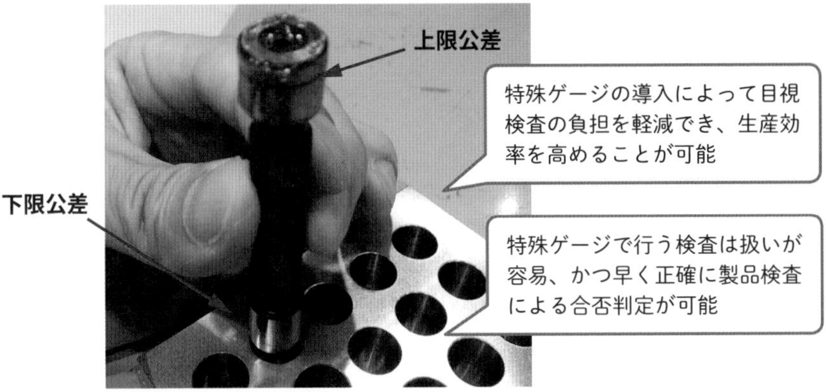
上限公差
特殊ゲージの導入によって目視検査の負担を軽減でき、生産効率を高めることが可能
下限公差
特殊ゲージで行う検査は扱いが容易、かつ早く正確に製品検査による合否判定が可能

図1-1-3　特殊ゲージを差し込むだけの製品検査

**ここがポイント**
- 納品後に一品の検査ミスが見つかると、ロット全数が返却される
- 錆びた検査治具では検査結果に信頼性が得られない

### ②基準の狂いを判断する

### 直角度の基準をつくり出すスコヤの損傷

図1-1-4に、直角度の検査に使用するスコヤを示します。スコヤが曲がるような負荷を作用させれば、直角度が狂います。気づかずに加工などで使用すると、寸法精度にも影響します。直角度は測定面を合わせて光の筋を確認します。なお、直角度はスコヤ底面のキズや突起にも影響します（図1-1-5）。検査用と生産現場用を分けて適用しましょう。

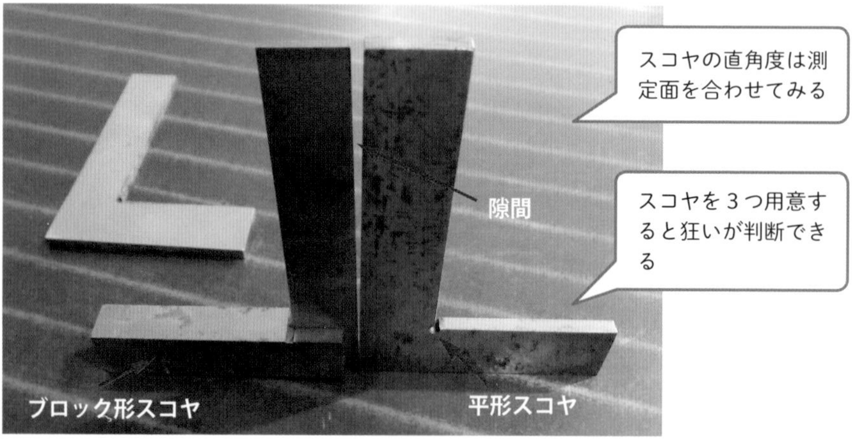
スコヤの直角度は測定面を合わせてみる
隙間
スコヤを３つ用意すると狂いが判断できる
ブロック形スコヤ
平形スコヤ

図1-1-4 **直角度の狂いを点検する**

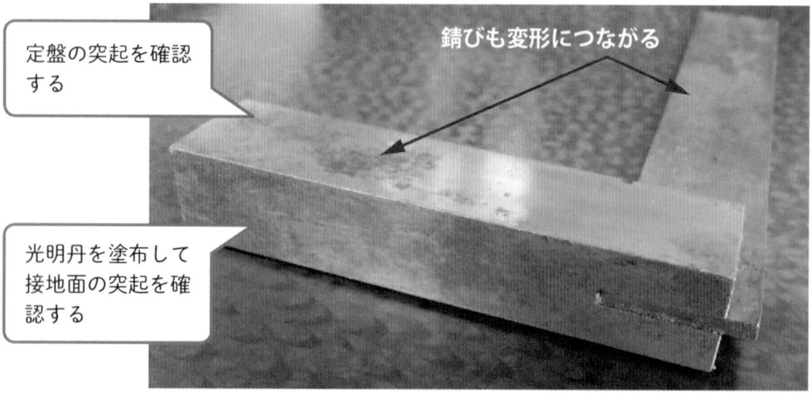
定盤の突起を確認する
錆びも変形につながる
光明丹を塗布して接地面の突起を確認する

図1-1-5 **スコヤ裏面の突起を点検する**

## 高さ基準をつくり出すブロックゲージの点検

**図1-1-6**はブロックゲージを高さ基準にして、加工部品との高低差をダイヤルゲージで比較測定しています。ブロックゲージのリンギング方法（組み合わせ）を**図1-1-7**に示します。基準面を十字の形に向かい合わせて、空気を押し出すように押しつけて密着させます。

特に薄いブロックゲージをリンギングさせると、力加減で反り返ることがあります。また、鉄製のブロックゲージが錆びると検査用としては致命傷です。

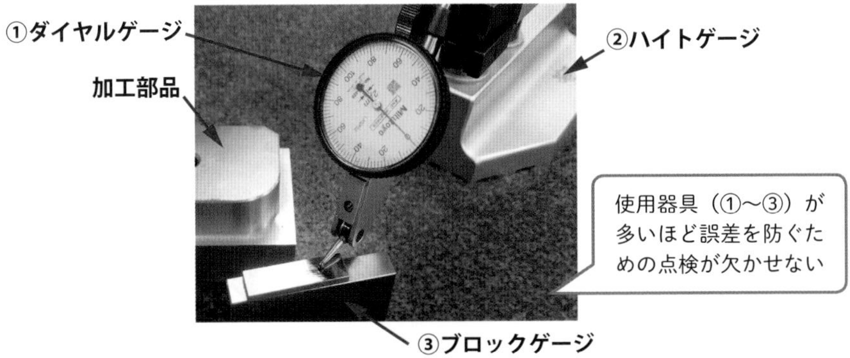
①ダイヤルゲージ
加工部品
②ハイトゲージ
使用器具（①～③）が多いほど誤差を防ぐための点検が欠かせない
③ブロックゲージ

図1-1-6　**比較測定にブロックゲージを活用する**

押しつける
50
mm
リンギングできないときはブロックゲージの反りを疑う
鉄製ブロックゲージが錆びると検査用としては致命傷
分厚いブロック同士をリンギングすることから練習する

図1-1-7　**ブロックゲージのリンギング**

**ここがポイント**

- スコヤは直角を保つために曲がりとキズを点検する
- 定盤の突起も誤差に影響する
- スコヤやブロックゲージは検査用と生産現場用を使い分ける

# 1-2 正確な位置調整や位置決めに欠かせない位置決めピンの点検

位置決めピンには部品位置を決める位置調整や、部品を結合させる位置決めがあります。位置決めピンの活用場所と損傷について確認します。

### ①量産化に欠かせない位置調整

**位置調整は位置決めピンの側面で決める**

**図1-2-1**に、木材加工ラインによる材料固定（吸着パットで吸引）を示します。位置調整にはエアシリンダのロッド（側面）を、位置決めピンとして活用しています。切りくずが直接エアシリンダに付着するため、ロッドパッキンの摩耗によるエアシリンダの動作遅れや、吸着能力の低下を引き起こします。加工寸法の誤差が発生したときは、エアシリンダの位置調整のズレを点検しましょう。

エアシリンダのロッド
木材
側面を位置決め
吸着パット
吸着力の低下は工具損傷につながる
2本の位置決めピン（ロッド）で角部を位置決め

図1-2-1　位置決めピンとしてエアシリンダのロッドを活用

## 加工工程が多いときは治具や刃物の摩耗を点検する

**図1-2-2**に薄板材料の切断部品と曲げ製品を示します。切断後の製品にバリが多いと除去作業が増えるほか、折り曲げ時の狂いにも影響します。

**図1-2-3**に切断機（コーナーシャー）の角度調整部を示します。使用頻度の高い切断角度位置（45°や90°）を決める位置決めピンの摩耗や、目盛り板（微調整角度）が破損していることが位置調整のズレに影響します。位置調整する部位を特定して点検しましょう。

バリ（大）
切断角度を何度も微調整しているため刃物の摩耗が進行
バリ（小）

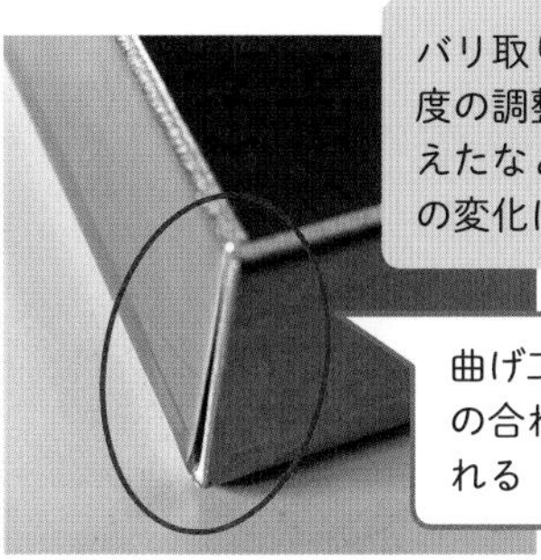
バリ取りや曲げ角度の調整頻度が増えたなど作業工程の変化に気づく
曲げ工程で角部の合わせ面がずれる

図1-2-2　**生産性の低下原因を突き止める**

位置決めピン
角度目盛り
角度目盛りの摩耗や目盛り板が破損すると、角度の微調整がし難くなる
角度ゲージの摩耗
角度調整ねじ
目盛り板の破損

図1-2-3　**使用設備の位置調整する部位を特定して点検**

**ここがポイント**

・位置調整の狂いは使用されるシステム（エアシリンダ）を点検する
・位置調整には位置決めピンや角度調整ねじがある

### ②部品組立に欠かせないテーパピン

#### テーパピンで部品を結合させる

図1-2-4にテーパピンを示します。先細りした先端を2つの部品に挿入することで、位置合わせや抜け防止用として使用されます。部品交換では必ずテーパピンの直径を確認して、抜き取り方向を決めます。

#### ピンの損傷はドリルと逆ねじタップで抜き取る

ハンドルなど回転体の固定や位置決めには、繰り返し衝撃が作用するためピンが破断します。貫通したピンであれば差し込み方向を確認し、逆方向（先細り側）から抜き取ります。

しかし、破断したノックピン（打ち込み）は簡単に抜けません。破断したピンを抜き取るには、ピンの中心に図1-2-5に示すように穴あけを行い、逆ねじタップをドリル穴に差し込んでピンを引き抜きます（図1-2-6）。

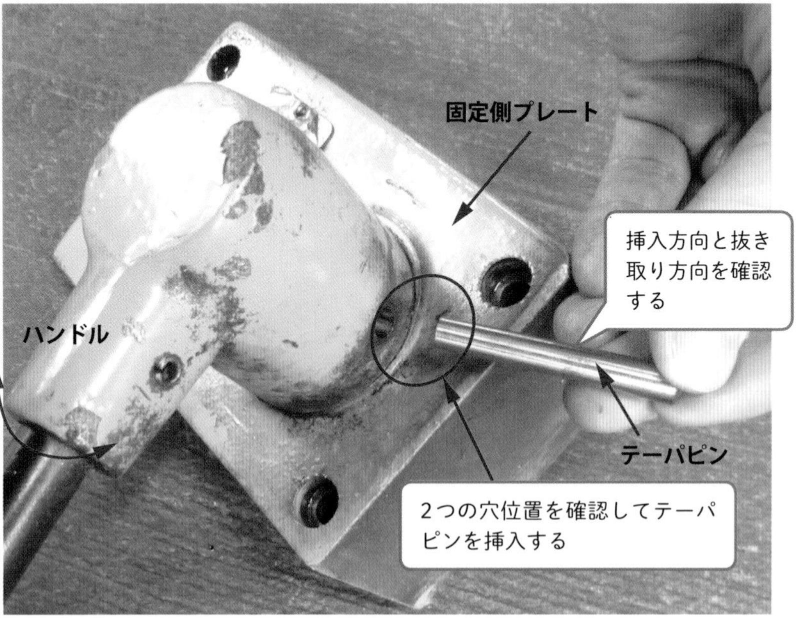
固定側プレート
挿入方向と抜き取り方向を確認する
ハンドル
テーパピン
2つの穴位置を確認してテーパピンを挿入する

図1-2-4　2つ以上の部品の接合にはテーパピンを使用

破断したノックピンの挿入方向にまっすぐ穴をあける
ハンドドリルで穴あけする
ノックピンの直径より細いドリルを選定する
ハンドドリル

図1-2-5 **破断したノックピンをハンドドリルで穴あけ**

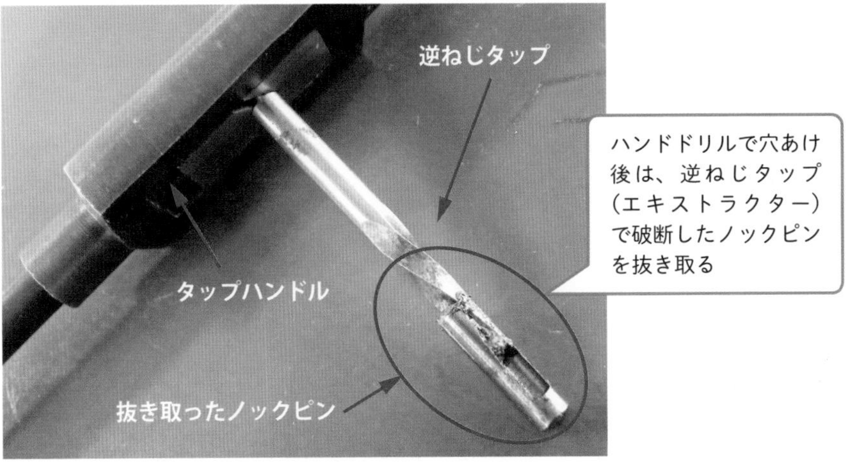
逆ねじタップ
ハンドドリルで穴あけ後は、逆ねじタップ（エキストラクター）で破断したノックピンを抜き取る
タップハンドル
抜き取ったノックピン

図1-2-6 **逆ねじタップでピンを抜き取る**

ここがポイント

- 位置決めピンには平行ピンやテーパピンなどがある
- 破断したピンやねじなどはハンドドリルと逆ねじタップで抜き取る

# 1-3 安定したクランプ力（把持力）を高める方法

切削やプレス加工などでは、切削力よりもクランプ力（把持力）が低いと刃物の損傷に影響します。クランプする環境や取り扱い方法を見直して、工具や器具の損傷を防ぎます。

**①バイスハンドルの締結力を下げる周囲環境を見直す**

**図1-3-1**に、研削加工に使用される精密バイスを示します。研削液を使用するため、錆びによる影響を避けることが必須です。作業環境を見直し、錆びが発生したシステムは清掃を行って機能回復を試みます。

【錆びによる影響】

1）把持力の低下（可動面とハンドル軸の動き）

2）寸法精度の悪化（口金直角度の反り）

3）自動運転が働かない（センサー検出エラー）など

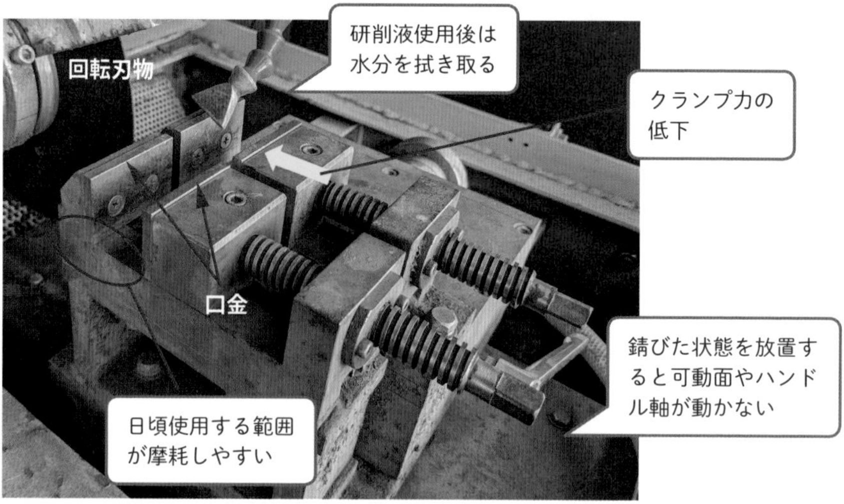


**図1-3-1　材料を固定するバイスの損傷を判断**

### ②トグルクランプはリンク機構のガタツキを判断する

**図1-3-2**に溶接材料などを固定するトグルクランプ（リンク機構による倍力構造）を示します。クランプの仕方が悪いと溶接部材がひずみの影響を受けて、フレームをねじる力が発生します。この負荷は固定ピンや取り付けボルトに作用するため、使用前にガタツキを点検します。

**図1-3-3**にクランプシステム（エアシリンダ）を示します。1カ所のクランプミスはシステム全体に影響するため、エア圧力の供給状態を点検します。

ハンドルを下げる
クランプ
固定ピン
取り付けボルト
固定ピンや取り付けボルトのガタツキを点検する

図1-3-2　**接続部が多いと1カ所のひずみがクランプ力低下につながる**

エアシリンダ
溶接ひずみに対抗できるクランプ力が必要

図1-3-3　**1カ所のクランプミスが品質に影響する**

**ここがポイント**

- 可動部の変形やガタツキを点検する
- エアの供給圧力や漏れを点検する

### ③クランプバーをうまく使いこなす

**量産加工では材料の固定と位置決めが重要**

図1-3-4に工作機械のテーブルに、材料を位置決めさせた状態を示します。量産加工では製品の段取り替えを容易にするため、角部や側面にブロックを配置して位置を決めます。また、水平・垂直方向の芯出しや工具干渉を避けた位置に配置させるなど、準備や段取りに多くの時間がかかります。安定した加工を繰り返すには欠かせない作業の一つです。

**取り付けボルトの締結位置によってクランプ力は変化する**

図1-3-5にクランプバーの取り付け状態を示します。特に取り付けボルトの締結位置が重要です。材料を押さえる爪から離れた位置（長い）に締結させても、高い軸力（締め付け力）は得られません。無理に締結させると、クランプバーの反りや取り付けボルトの損傷につながります。その解決策として、爪側に取り付けボルトの締結位置を変更させることで軸力が高まるため、治具の固定方法を見直します（図1-3-6）。

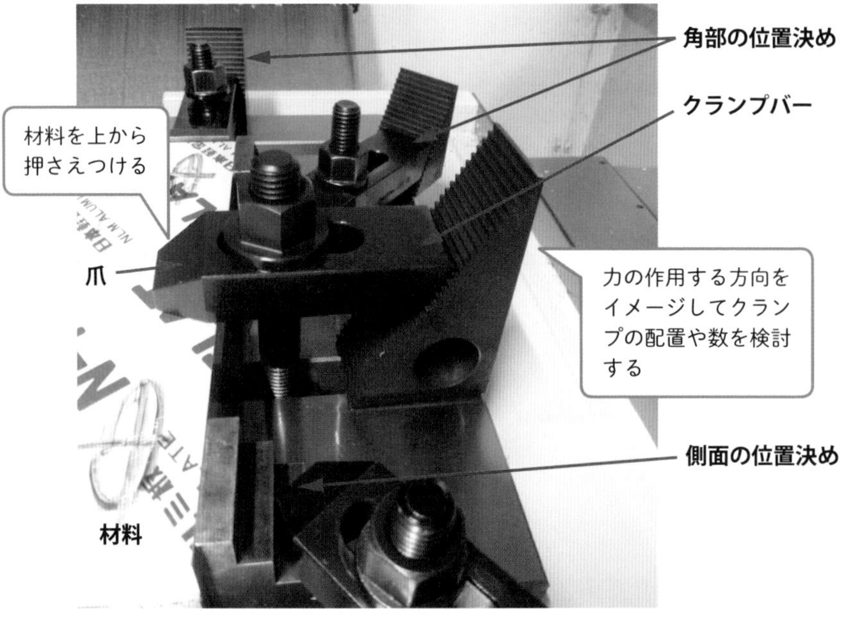

角部の位置決め
クランプバー
材料を上から押さえつける
爪
力の作用する方向をイメージしてクランプの配置や数を検討する
側面の位置決め
材料


図1-3-4　生産性を高めるには治具の位置決めが欠かせない

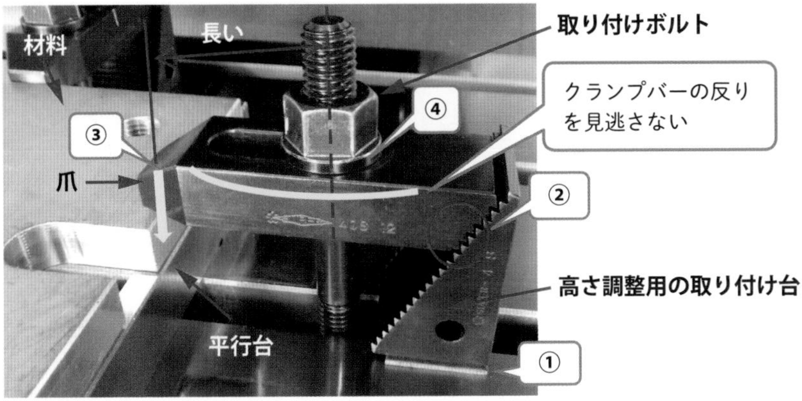
材料
長い
取り付けボルト
クランプバーの反り
を見逃さない
④
③
爪
②
高さ調整用の取り付け台
平行台
①

**クランプバーの取り付け方を再確認しよう**
①高さ調整用の取り付け台にはキズの防止用として銅板を敷く
②高さ調整用の取り付け台は爪の高さよりもわずかに高くする
③クランプバーの爪は平行台の真上を押さえる
④長孔には平ワッシャを用いる

図1-3-5 **クランプバーの取り付け方次第で加工が安定する**

短い
取り付けボルト位置
を爪側に移動させる
爪
クランプ力が
向上する

図1-3-6 **取り付けボルト位置の違いがクランプ力を高める**

ここがポイント
・力の作用する方向をイメージしてクランプバー（治具）を配置する
・取り付けボルトの締結位置を爪側に移すとクランプ力は増す

# 1-4 ボール盤作業で見かける工具の損傷原因

ボール盤作業は身近な工作機械の一つですが、安易に作業を行うとバイスや工具の損傷につながります。特に主軸の振れが大きいと、工具寿命が低下します。そこで、危険や損傷が発生しやすい場所を点検します。

### ①バイスと工具の損傷を判断する

### バイス作用する力

**図1-4-1**に、ボール盤テーブルにバイスを固定させた状態を示します。バイスは、ドリルの回転力を受ける位置に金具で固定します。このとき、バイスの可動テーブル面に直接固定すると可動口金の動きが悪くなり、バイス本体がひずみを起こします。間違った取り付け方を見直しましょう。

可動テーブル面への直接固定は避ける
可動口金
ドリルの回転方向
固定して回転力を受ける
回転力が作用する方向


図1-4-1 **バイスの固定方法を見直す**

### 工具損傷はドリルチャックが原因

切削条件が悪いと工具刃先を摩耗させます（**図1-4-2**）。気づかずに加工を行うと、工具が材料に食い込んだまま供回りを起こし、大変危険な状態です。

**図1-4-3**は、供回りが起きたときのストレートシャンクの変形・摩耗を示します。この工具を再び使用すると、キズがドリルチャックに転写して把持力を低下させます。また、傷ついたドリルチャックに新品の工具を取り付けると、今度は新品工具にキズが転写します。ドリルチャックを何度締めても工具が滑って空回りが発生したときは、ドリルチャックの損傷を疑います。

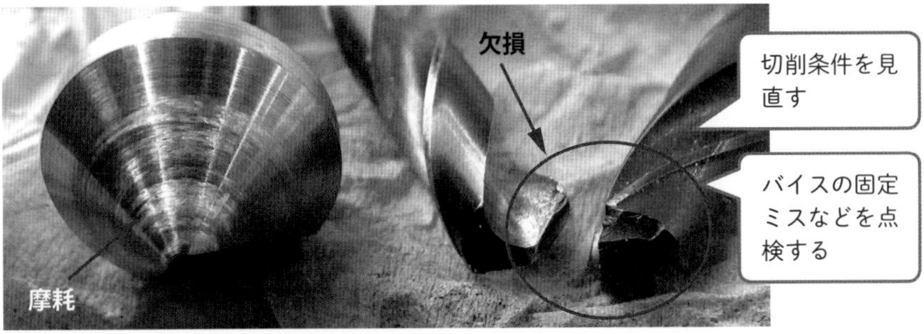
欠損
切削条件を見直す
バイスの固定ミスなどを点検する
摩耗

図1-4-2　**工具先端の摩耗や欠損を点検する**

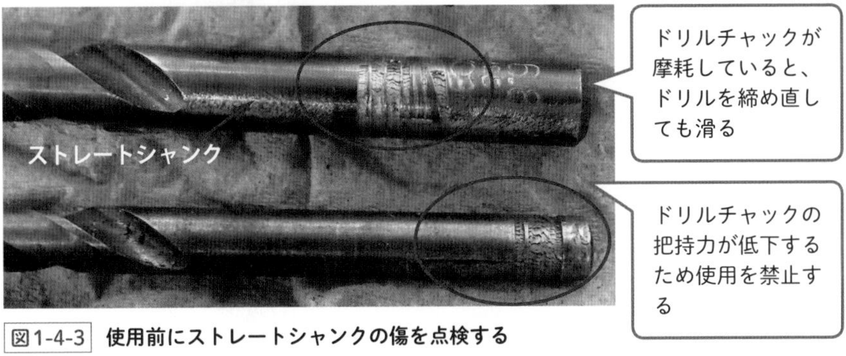
ドリルチャックが摩耗していると、ドリルを締め直しても滑る
ストレートシャンク
ドリルチャックの把持力が低下するため使用を禁止する

図1-4-3　**使用前にストレートシャンクの傷を点検する**

**ここがポイント**
- バイスは回転力を受けるようにクランプする
- チャックの把持力低下は工具の損傷を招く
- ストレートシャンクが損傷した工具は使用を避ける

## ②ドリルチャックを交換する

### 主軸の振れを点検し新品のドリルチャックと交換する

工具損傷を防ぐには、ドリルチャックを交換しない限り改善はできません。また、ドリルチャックの回転振れが大きいと、小径穴加工では工具が折損しやすいなどのトラブルが発生します。

図1-4-4は、ドリルチャックを取り外した主軸の損傷状態を示します。新しいドリルチャックに交換する前に、主軸のキズは油砥石で修正します。なお、取り外したドリルチャックは損傷しているため新品と交換します。

### 主軸の回転振れを点検する

ダイヤルゲージを用いて主軸の回転振れを調べます（図1-4-5）。ドリルチャックを交換（購入）する際は、必ず主軸の規格を調べておきます。なお、主軸に取り付けるときは三爪を内部に引き込まれた状態で、木ハンマーで軸方向に打ち込みます（図1-4-6）。交換後はドリルを取り付けて、もう一度回転の振れを確認します。

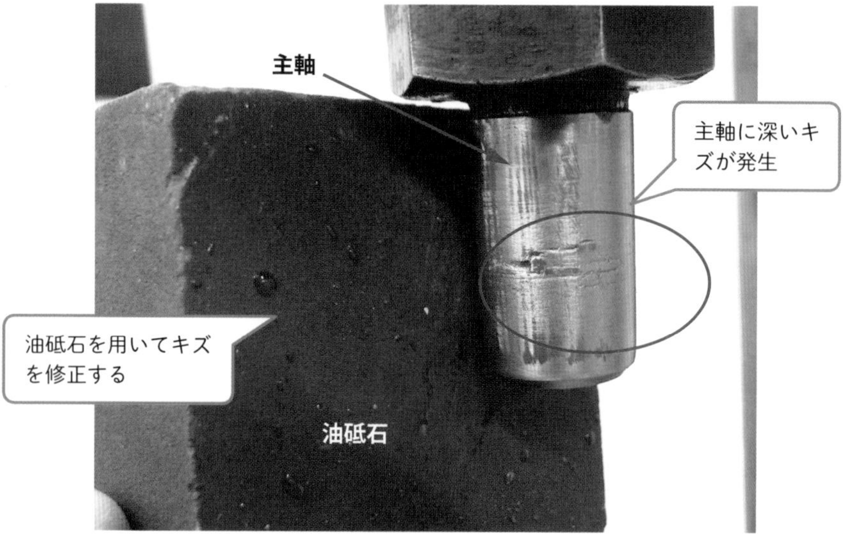
主軸
主軸に深いキズが発生
油砥石を用いてキズを修正する
油砥石

図1-4-4 主軸のキズを油砥石で修正する

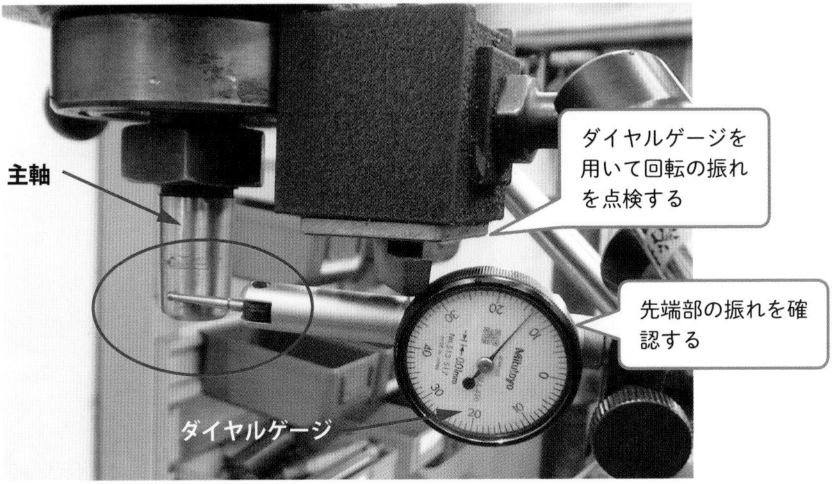
主軸
ダイヤルゲージを用いて回転の振れを点検する
先端部の振れを確認する
ダイヤルゲージ

図1-4-5 **主軸研磨後の振れ測定**

木ハンマー
ドリルチャックを取り付けるときは三爪を内部に引き込ませる
木ハンマーで軸方向に打ち込む

図1-4-6 **三爪を内部に引き込ませて取り付ける**

ここがポイント

- 主軸の損傷は油砥石で修正する
- ドリルチャックは主軸の規格を確認して交換する
- ドリルチャック交換後は主軸の回転振れをダイヤルゲージで点検する

# 1-5 切削用工具の交換だけでは寿命が延びない

切削加工などの場合、作業者ごとに工具の取り付け方にバラツキがあると、工具寿命に差が出ます。特に工具の損傷に気づかないと、ロット不良につながります。工具交換の仕方と工具の点検方法を示します。

### ①切削工具の取り付けの悪さが寿命の低下を引き起こす

### 複数の構成部品の機能を確認する

**図1-5-1**に外径切削工具の構成部品を示します。複数の部品が組み合わされて機能を果たすため、1つの部品が損傷を起こすと切削工具の寿命の低下につながります。

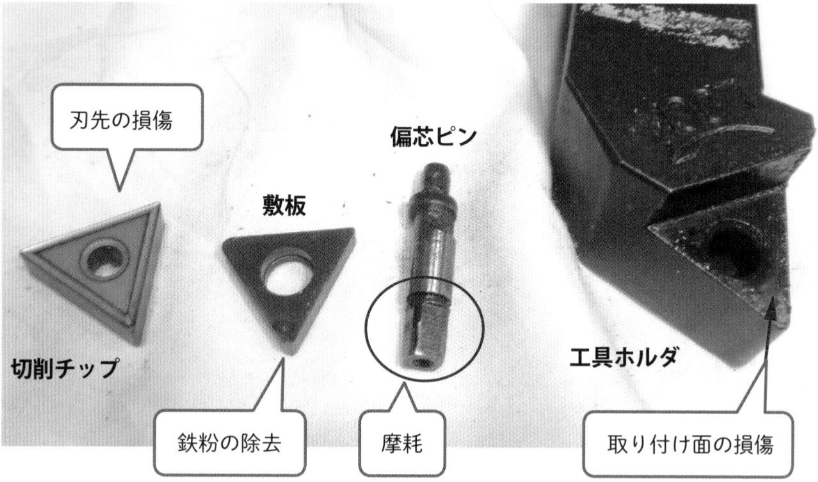
刃先の損傷
偏芯ピン
敷板
切削チップ
工具ホルダ
鉄粉の除去
摩耗
取り付け面の損傷

①切削チップ：材料加工用の刃物、②敷板：刃物と工具ホルダの座面を安定させる、③偏芯ピン：切削チップを工具ホルダに締結させる、④工具ホルダ：切削用治具

図1-5-1 寿命向上に欠かせない定期的な構成部品の分解清掃

## 分解清掃で損傷を判断しよう

**図1-5-2**に切削チップの交換作業を示します。専用工具の摩耗に気づかずに偏芯ピンを締め付けても、締結力は得られません（**図1-5-3**）。このほか、敷板や工具ホルダの隙間には必ず鉄粉などが紛れます。異物除去や要素部品の変形を防ぐためにも、定期的に部品の分解と清掃を欠かさないようにしましょう。

締め付け方向
専用工具の損傷
専用工具が損傷していると
締め加減が判断できない

図1-5-2 **専用工具の損傷が切削寿命の締結力を左右**

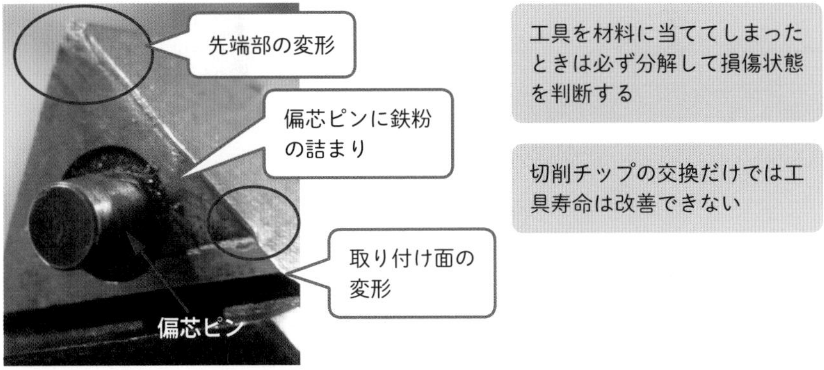
先端部の変形
偏芯ピンに鉄粉
の詰まり
取り付け面の
変形
偏芯ピン
工具を材料に当ててしまったときは必ず分解して損傷状態を判断する
切削チップの交換だけでは工具寿命は改善できない

図1-5-3 **分解してわかった工具ホルダの損傷**

ここがポイント
- 切削チップ交換頻度が高いときは分解清掃を実施する
- 損傷した専用工具を使い回すと偏芯ピンも損傷させる

## ②寿命に差が出る工具ホルダの取り付け方法

### 突き出し量を短くする

図1-5-4に工具ホルダ（内径用）の突き出し状態を示します。高さ調整用の厚い敷板からの距離が、実際の突き出し長さになります。突き出し長さは短くすることで、異常振動による切削チップの損傷を防ぐことが可能です。

図1-5-5に敷板の積層状態を示します。敷板は基準面に厚い敷板を選定して、調整用に薄い敷板を1～2枚選定すると切削が安定します。

### フライス工具も突き出し長さが影響している

フライス工具は、1台の刃物に工具ホルダと切削チップが構成（多刃）されています。各切削チップやホルダが損傷を受けると、切削力にバラツキが発生して切削面の表面粗さに影響します。このときは各切削チップの高さを、ダイヤルゲージを用いて点検します（図1-5-6）。刃先の高さに差があるときは、その工具ホルダを交換します。

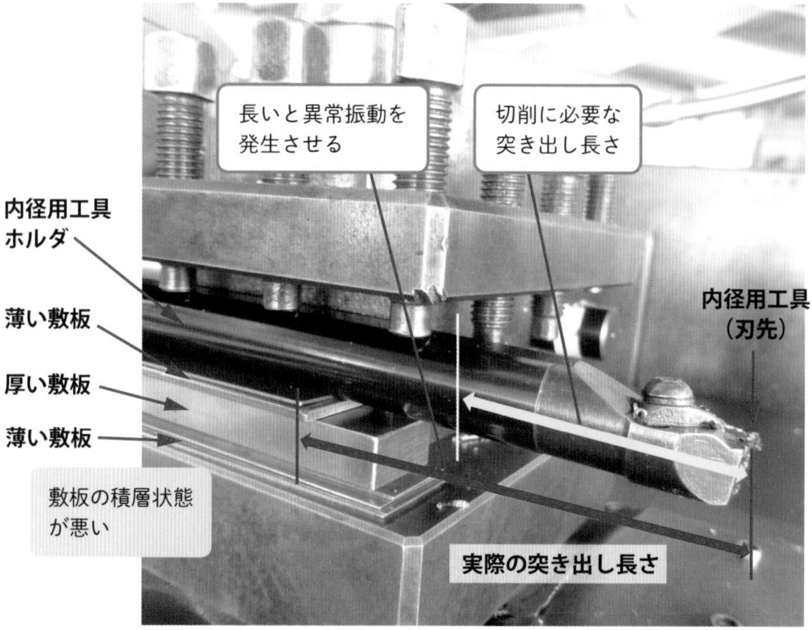


図1-5-4　実際の工具突き出し長さを点検

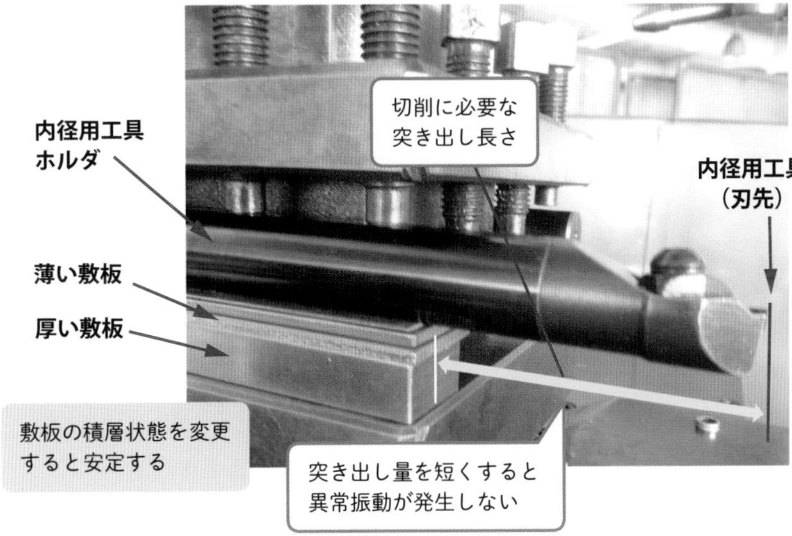
内径用工具
ホルダ
切削に必要な
突き出し長さ
内径用工具
（刃先）
薄い敷板
厚い敷板
敷板の積層状態を変更
すると安定する
突き出し量を短くすると
異常振動が発生しない

図1-5-5 最適な取り付け状態は工具寿命を延ばせる

工具刃先にダイヤ
ルゲージを接触さ
せて多刃（6刃）
の高さを点検する
工具が損傷すると変形し
て、1カ所の高い刃先で切
削していることが多い
工具刃先の高さ
ダイヤルゲージ

図1-5-6 工具刃先の高さをダイヤルゲージで点検

ここがポイント

- 工具刃先の突き出し量や敷板の取り付け順番を変えるだけで工具寿命が改善する
- フライス工具などの多刃は1つずつの工具刃先の狂いが寿命に影響する

# 1-6 テーパホルダの把持力低下を判断する

ドリルチャックは三爪のため線接触で工具を把持します。一方、コレットチャックやテーパホルダは面接触により、高い把持力と回転精度が得られます。回転体を支えるホルダの損傷しやすい箇所を点検します。

## ①回転体を支える工具ホルダの損傷を点検する

### コレットチャックへの取り付けミスが芯振れ精度を低下させる

コレットチャックは工具を包み込むように把握することで、力を分散させて回転による芯振れを小さくできます。**図1-6-1**は、コレットチャックに切削工具（エンドミル）を挿入した状態を示します。挿入位置を間違えると、切り刃の一部がコレットチャックに接触し、コレットチャックのスプリング性（開閉力）を低下（疲労破壊）させます。そこで、コレットチャックの挿入部の損傷を点検し、使用するかどうかを判断します。

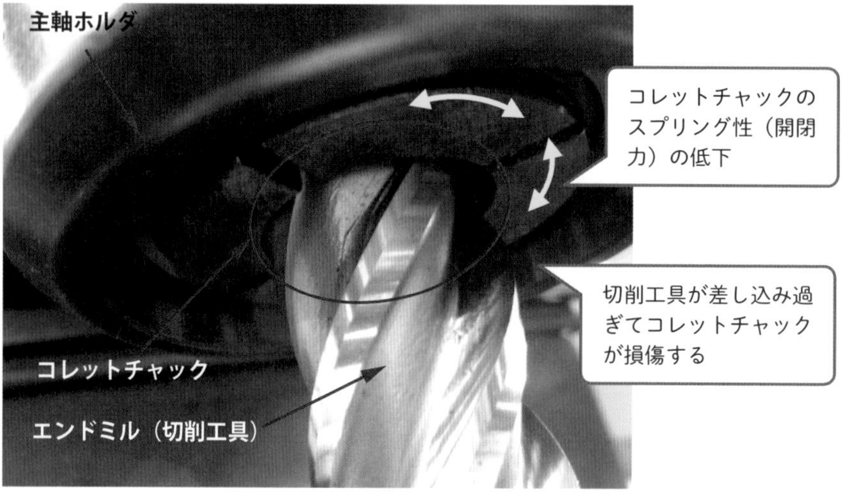
主軸ホルダ
コレットチャックのスプリング性（開閉力）の低下
切削工具が差し込み過ぎてコレットチャックが損傷する
コレットチャック
エンドミル（切削工具）

図1-6-1　工具の挿入ミスによるコレットチャックの損傷

## テーパホルダは錆びや突起が発生すると高い把持力は得られない

**図1-6-2**にテーパホルダを示します。テーパホルダは、接触面積を増やすことで高い把持力が得られます（テーパの当たりは80％程度）。

したがってテーパ面に錆びが発生すると、面ではなく点で接触することになり、把持力の低下につながります。**図1-6-3**に主軸内面を示します。テーパホルダと内面のキズや突起を確実に除去することが必要です。

テーパの当たりは80％程度に製作されているためテーパ面の錆は致命傷

工具を取り外した後はテーパ面を清掃して防錆を塗布する

図1-6-2　**テーパホルダの錆は主軸の振れを招く**

取り付け内面の鉄粉などを除去してから取り付ける

キズがつくと高い把持力が得られない

図1-6-3　**主軸内面の異物混入を防ぐ**

ここがポイント
- 錆びやキズによる接触面積の低下を防ぐ
- 高速回転で主軸が滑ると焼付きの原因になる

### ②ドリル加工時に発生する供回りを防ぐ

#### タング（回り止め）の損傷を点検する

図1-6-4に、テーパホルダの後部に設けたタング（回り止め）の損傷を示します。タングの損傷に気づかずに、ドリルによる穴あけ加工を行うことは大変危険です。回転トルクを支えられないため、ドリルが材料に食いついたままテーパホルダごと抜けて供回りします。生産現場でタングの損傷を見かけたときは使用を禁止します。

#### 使用方法の間違えを正す

テーパホルダを主軸に挿入する際は、タング（回り止め）の挿入角度を確認します（図1-6-5）。確認せずに勢いよく主軸ホルダに差し込んでしまうと、合わせ部（凹凸）が変形し、切削抵抗を受けて抜けやすくなります（図1-6-6）。

タングは、挿入時に引っ掛かりを感じたときは作業を中止します。合わせ部（凹凸）が変形した場合はヤスリで修正します。

変形したタングは回り止めの役目を果たさない
変形
タングの損傷を判断して主軸に取り付ける
摩耗
破断
しっかり挿入できていない証拠で、作業方法の見直しが必要

図1-6-4　タング（回り止め）の変形は主軸ホルダに影響

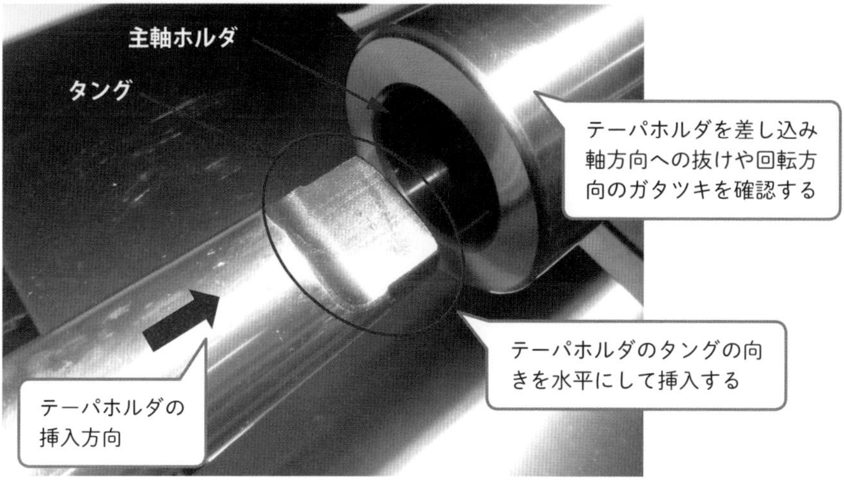
主軸ホルダ
タング
テーパホルダを差し込み軸方向への抜けや回転方向のガタツキを確認する
テーパホルダのタングの向きを水平にして挿入する
テーパホルダの挿入方向

図1-6-5　**タングの挿入角度が重要**

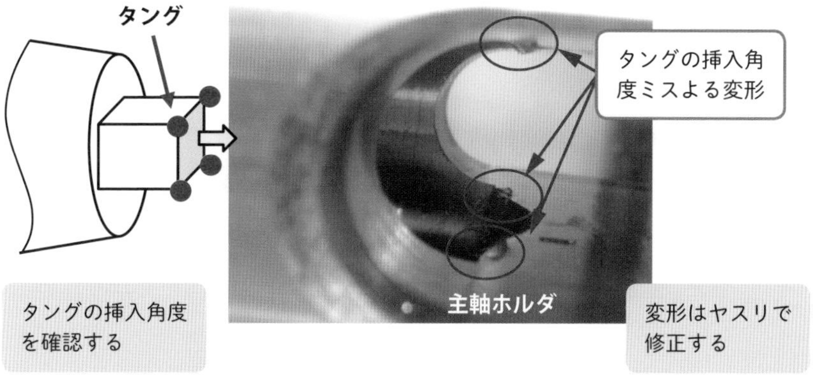
タング
タングの挿入角度ミスよる変形
主軸ホルダ
タングの挿入角度を確認する
変形はヤスリで修正する

図1-6-6　**合わせ部（凹凸）の変形を点検する**

ここがポイント

- テーパホルダのタングの損傷を判断する
- タングの挿入角度を確認して主軸に挿入する
- タングの損傷を見つけたときは主軸ホルダ内面の損傷を点検する

# 1-7 タップホルダの選定ミスは意外と多い

タップ作業には、タップとタップハンドルが必要です。それぞれの損傷を判断せずに使用すると、ねじ山の損傷につながります。正しい使い方を理解して、機器の損傷を防ぎましょう。

### ①タップの基本操作を確実に！

#### 締結ねじの損傷に気づいてねじ山を修正する

**図1-7-1**にタップによるねじ山修正を示します。切削工具が損傷すると、固定する刃物台の取り付けねじも、ひずみの影響を受けます。締結不足による工具損傷を防ぐために、再タップによるねじ山の修正が不可欠です。

#### 作業方法を見直して機器の損傷を防ぐ

**図1-7-2**に正しいタップ作業を示します。

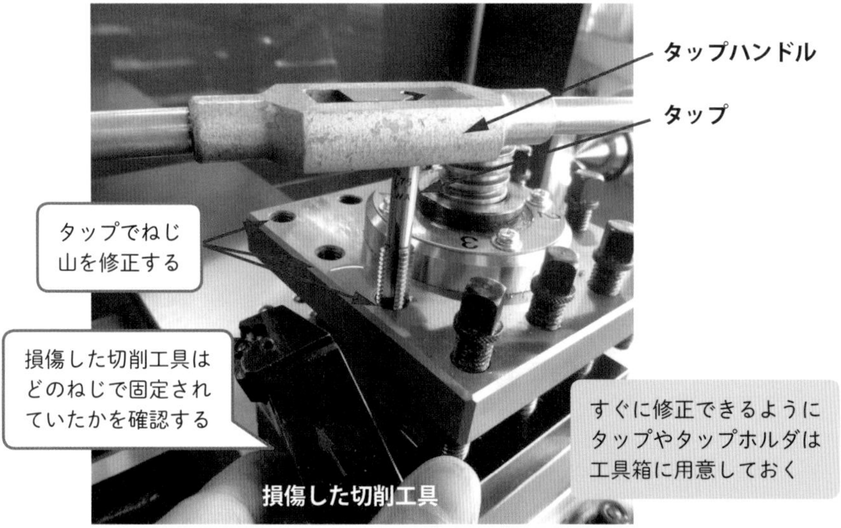

タップハンドル
タップ
タップでねじ山を修正する
損傷した切削工具はどのねじで固定されていたかを確認する
すぐに修正できるようにタップやタップホルダは工具箱に用意しておく
損傷した切削工具


図1-7-1 **使用ねじ径とピッチを確認してタップで修正**

1）ドリルの下穴寸法を選定する

ねじをM10×1.5（ピッチ1.5mm）では、一般的に直径（10mm）からピッチ（1.5mm）を引いた値（8.5mm）を下穴径にします。

2）垂直にタップを立てる

タップとタップハンドルの力加減がポイントです。タップハンドルに垂直方向に押す力を与えながら、時計回り（右ねじ）にタップハンドルを回します。最初はタップが傾きやすいので、タップ先端のテーパ部が垂直に入るまでゆっくり回します。

3）回して戻すがタップの基本

多刃に負荷をかけないように、油を注しながらタップハンドルを「2/3回転回して」→「1/3回転戻す」を繰り返します。

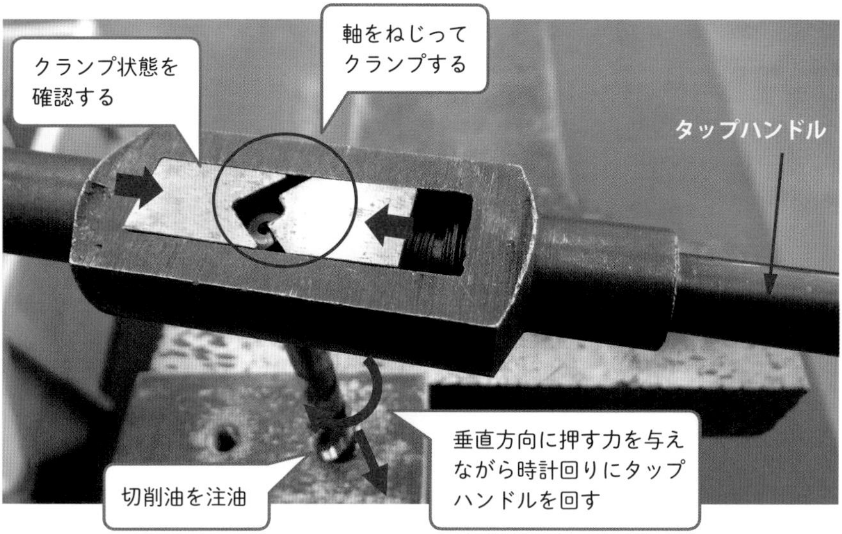
クランプ状態を
確認する
軸をねじって
クランプする
タップハンドル
切削油を注油
垂直方向に押す力を与え
ながら時計回りにタップ
ハンドルを回す

図1-7-2　**タップ作業の基本操作を正しく理解する**

ここがポイント

- 加工後の変形を防ぐためタップ作業は最終工程で行われる
- タップとタップハンドルの取り扱いを確認する

### ②タップハンドルの選定はタップ径に関係する

**図1-7-3**にタップ刃先の欠損を示します。タップは多刃であるため、1カ所でも欠損すると使用できません。タップ刃先が欠損する原因の一つにタップハンドルの選定ミスがあります。**図1-7-4**にタップハンドルの長さとタップ径の違いを示します。タップハンドルの長さは回転トルクに影響するため、安易にタップハンドルの長いもの（大きい）を選定するのは避けましょう。

「長いタップハンドル」と「小径タップ（M3）」との組み合わせ（A）では、オーバートルク気味になりタップが折損します。反対に「短いタップハンドル」と「大径タップ（M10）」との組み合わせ（B）では、回転トルクが得られません。無理にタップハンドルを回すと、爪を損傷させます（**図1-7-5**）。タップハンドルの長さ（大きさ）は、タップサイズに適するものを選ぶとよいでしょう。

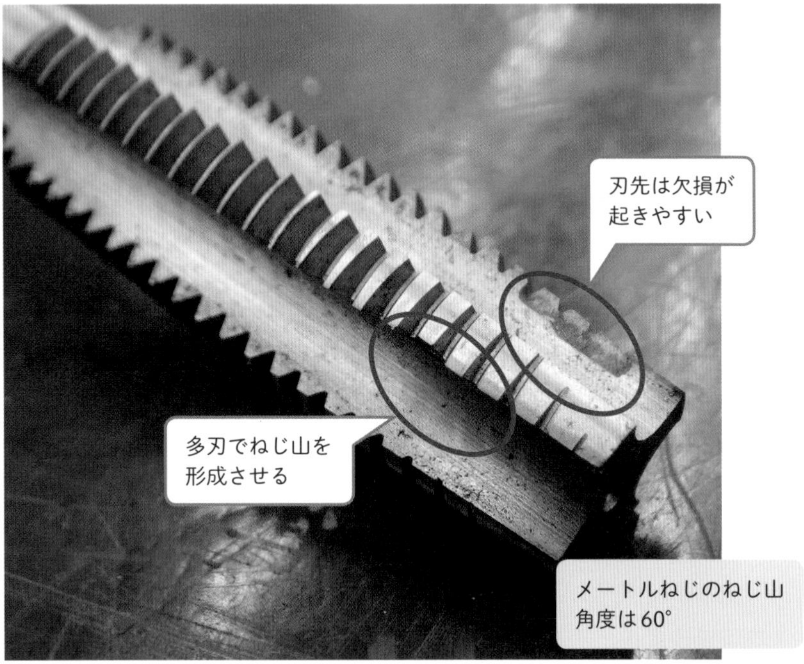
刃先は欠損が
起きやすい
多刃でねじ山を
形成させる
メートルねじのねじ山
角度は60°

図1-7-3 **使用前にタップ刃先の欠損を点検**

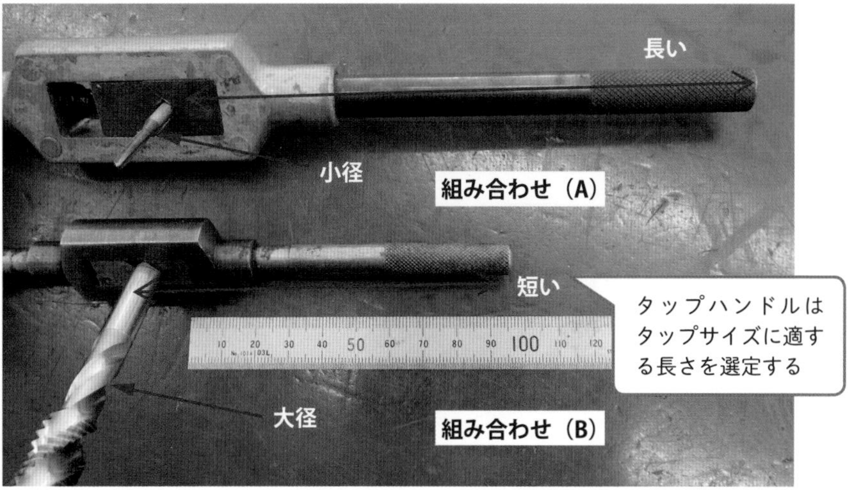
長い
小径
組み合わせ（A）
短い
タップハンドルはタップサイズに適する長さを選定する
大径
組み合わせ（B）

図1-7-4　バランスの悪さは工具の損傷につながる

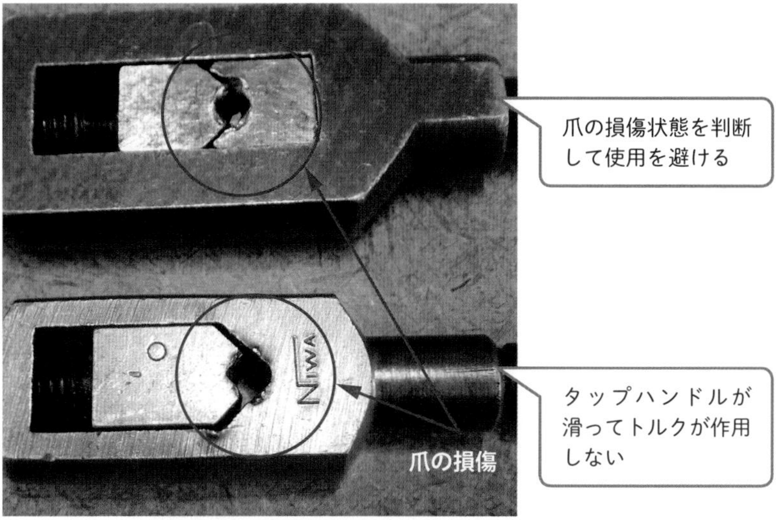
爪の損傷状態を判断して使用を避ける
NIWA
タップハンドルが滑ってトルクが作用しない
爪の損傷

図1-7-5　オーバートルクによる爪の損傷

ここがポイント

- タップ作業中にタップが折損すると抜くことができない
- タップとタップハンドルをうまく組み合わせることが大切

Column 1

# 点検清掃で「異常かな？」を見つけよう

設備の状態を管理していても、点検項目以外でチョコ停（ちょこちょこ停止する）や突発故障が発生します。設備はさまざまなところが負荷を受けるため、点検すべきポイントは変化して増えてきます。損傷などの負荷が作用する箇所には、必ず証拠を残しています。これを点検清掃で発見するのです。

写真は、歯車の歯先が摩耗して金属粉が堆積した状態を示しています。食品製造メーカーでは金属検出器が不規則に異常を検出するため、発生箇所の特定ができずに悩んでいました。このようなときは日々の清掃に加えて、「今日はこのユニットを『清掃』する」と決めて実施しましょう。日頃は閉じたままのパネルなどを開けて、綺麗なウエスで機器を拭き取ります。「汚れや金属粉の異物はどこから発生したのかな？」「近くに歯車などの回転体があるな！」と考えながら清掃を行うと、異常の発見につながるはずです。

歯車の刃先
歯車の歯先が摩耗
摩耗粉が堆積
落下した摩耗粉が金属検出器に異常を知らせる

点検清掃で発見した歯車（歯先）摩耗

# 第2章

# 品質を測る前に測定器の狂いを判断する

## 【測定器の保全】

いざ測定しようとしても、ノギスやマイクロメーターの可動部が引っ掛かっていたり、ダイヤルゲージの指針がずれていたりする場合があります。このような管理状態では、品質検査に使用するトルクレンチも正しい値を示しているかどうか疑念が生じます。

可動部への鉄粉の混入や落下による損傷などで、測定機器が常に正常な値を示すとは限りません。測定値のバラツキや狂いを判断するためには使用前点検は不可欠です。正しい手順と調整方法を詳しく手ほどきします。

# 2-1 多用されるノギスの損傷を判断する

ノギスは外側用ジョウ（外形）、内側用ジョウ（内径）を用いた測定に主に利用されます。このほか、ノギスには深さや段差の測定が可能です。特に落下などで1カ所にひずみが発生すると、測定器としての信頼性が失われます。ここでは、それぞれの点検箇所について示します。

## ①ノギスの測定誤差を少なくする

**図2-1-1**に円筒部品の外径測定を示します。ノギスは、本尺目盛りと部品の測定位置（円筒部品中心部など）との差による測定誤差が生まれます。そのため、無理に材料に押しつけるとスライダが広がり、測定結果に影響します。また、粗い加工面などを押しつけながら測定すると、測定面を傷つけます。使用頻度が高い外径測定方法を見直しましょう。

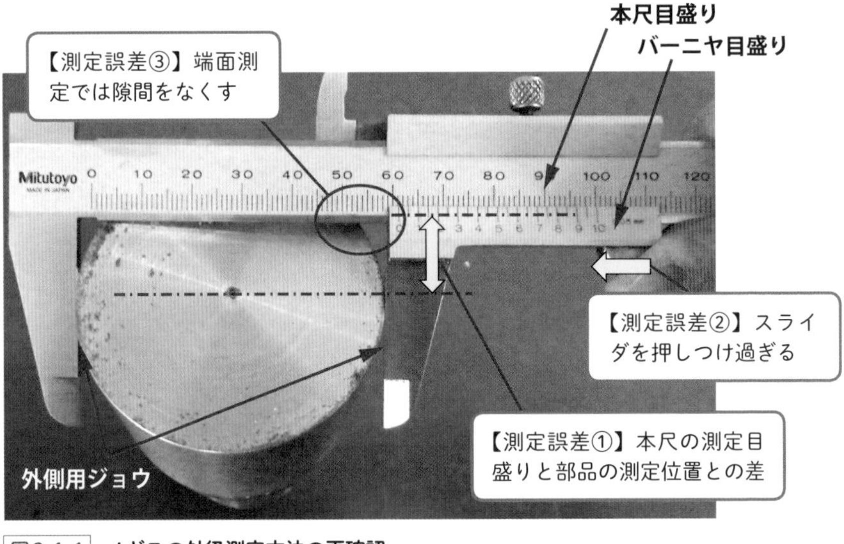
本尺目盛り
バーニヤ目盛り
【測定誤差③】端面測定では隙間をなくす
Mitutoyo
MADE IN JAPAN
【測定誤差②】スライダを押しつけ過ぎる
【測定誤差①】本尺の測定目盛りと部品の測定位置との差
外側用ジョウ

図2-1-1　**ノギスの外径測定方法の再確認**

## ②測定する前に測定部位を点検しよう

### 外側用・内側用ジョウの損傷を判断する

**図2-1-2**に外側用ジョウの合わせ面の損傷を示します。摩耗すると、蛍光灯にかざしたときに光が漏れます。**図2-1-3**に内側用ジョウの先端（尖った口ばし）の変形を示します。測定器の落下などで、最もキズを受けやすくなります。変形したときは油砥石で修正します。

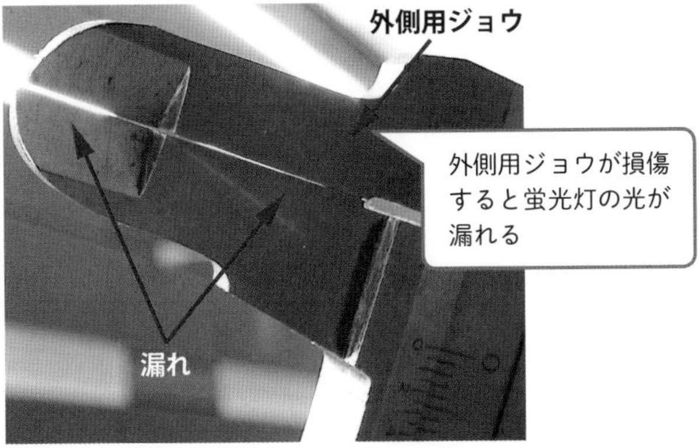
外側用ジョウ
外側用ジョウが損傷すると蛍光灯の光が漏れる
漏れ

図2-1-2　**摩耗が起きると蛍光灯の光が漏れる**

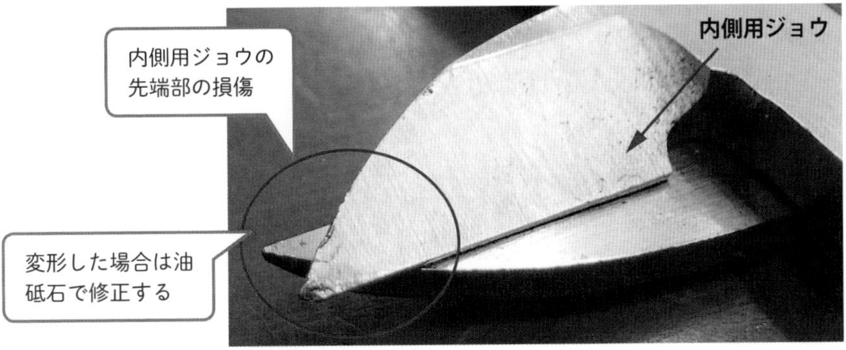
内側用ジョウ
内側用ジョウの先端部の損傷
変形した場合は油砥石で修正する

図2-1-3　**内側用ジョウは先端が変形しやすい**

**ここがポイント**

- 外側用・内側用ジョウは測定面の損傷を点検してから使用する
- ノギスを落下させたときは測定面の損傷状態を必ず点検する

### スライダの引っ掛かりやガタツキは板ばねの調整が必要

スライダの隙間から鉄粉などが侵入するとスライダが引っ掛かり、測定がうまくできません。また止めねじも損傷して、スライダの固定ができなくなります。このようなときは、一度スライダの清掃を行います。

図2-1-4にスライダ内部の板ばねを示します。スライダの押しねじを外して、板ばねを取り出します。内部の鉄粉を除去して、指で板ばねの反り具合を適度に調整しましょう。

### 深さと段差用測定部の損傷を防ぐ

デプスバーを用いて「穴や溝の深さ」を測ります（図2-1-5）。細長いデプスバーは反り返りやすく、その反動でブリッジストッパーと止めねじの紛失が発生します。そこで、測定する際はデプスバーを反らせないように注意します。

図2-1-6に段差用測定面の損傷を示します。使用する部位を点検してから測定を行うことが重要です。

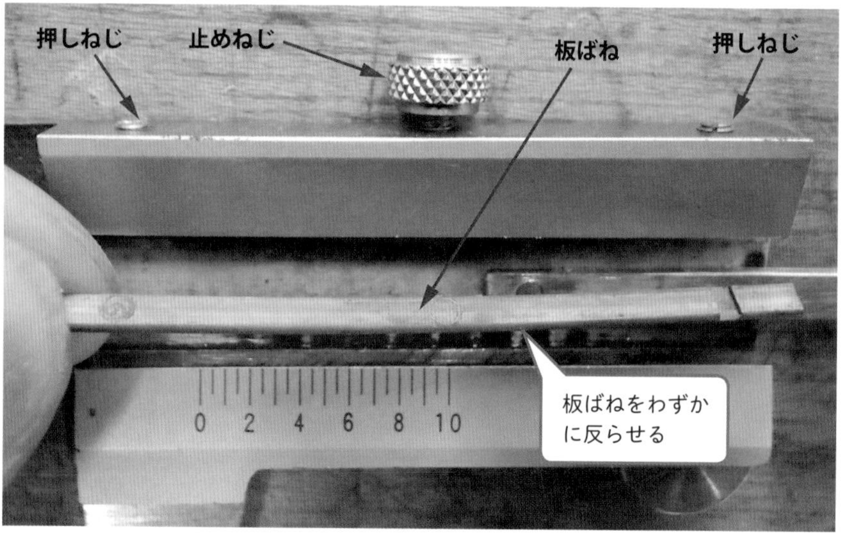


図2-1-4　スライダの動きは板ばねの反り具合で決まる

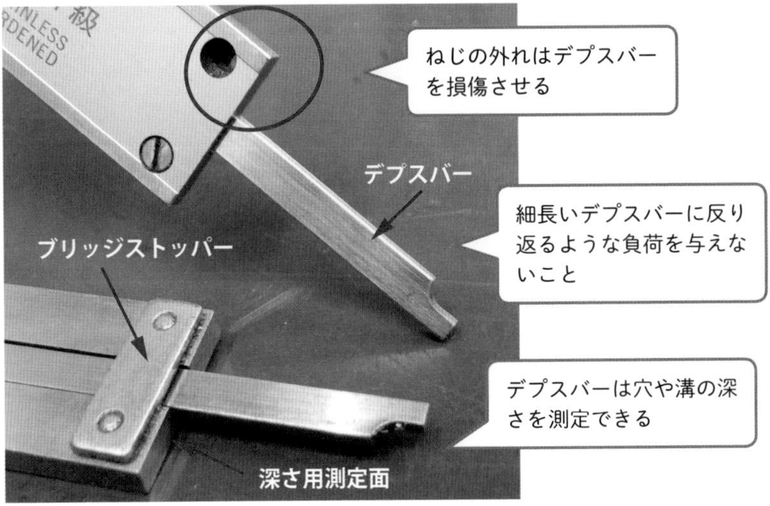
ねじの外れはデプスバーを損傷させる
デプスバー
細長いデプスバーに反り返るような負荷を与えないこと
ブリッジストッパー
デプスバーは穴や溝の深さを測定できる
深さ用測定面

図2-1-5 **細長いデプスバーの損傷を判断する**

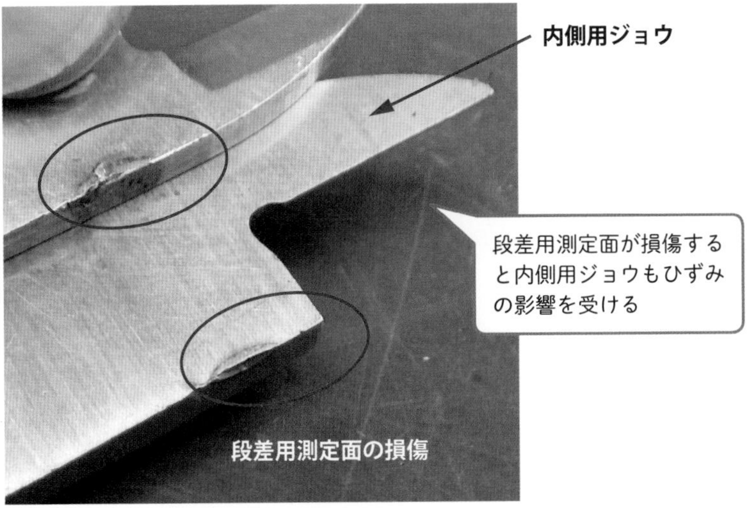
内側用ジョウ
段差用測定面が損傷すると内側用ジョウもひずみの影響を受ける
段差用測定面の損傷

図2-1-6 **段差用測定面の損傷を判断する**

ここがポイント

- 使用前に清掃をしないと、止めねじや板ばねの動きを低下させる
- ノギスは1カ所の損傷が機器の信頼性を低下させる

# 2-2 ケガキ作業に使用されるハイトゲージの損傷を見抜く

材料にケガキ作業を行うハイトゲージは、ノギスと読み方は一緒です。しかし、高さの微調整機能があるスライダは、取り扱いミスによって損傷が起きています。作業方法を見直すことで、機器の損傷を防ぎます。

### ①ケガキ作業は材料を動かさないのがコツ

### ハイトゲージの基本的な取り扱い

ハイトゲージは垂直方向に高さ調整を行い、スクライバ（刃物）の角を材料に押しつけて、材料を動かさずに一方向にベースをスライドさせます（図2-2-1）。特に材料の固定やケガキの姿勢が悪いと、スクライバを欠損させます（図2-2-2）。

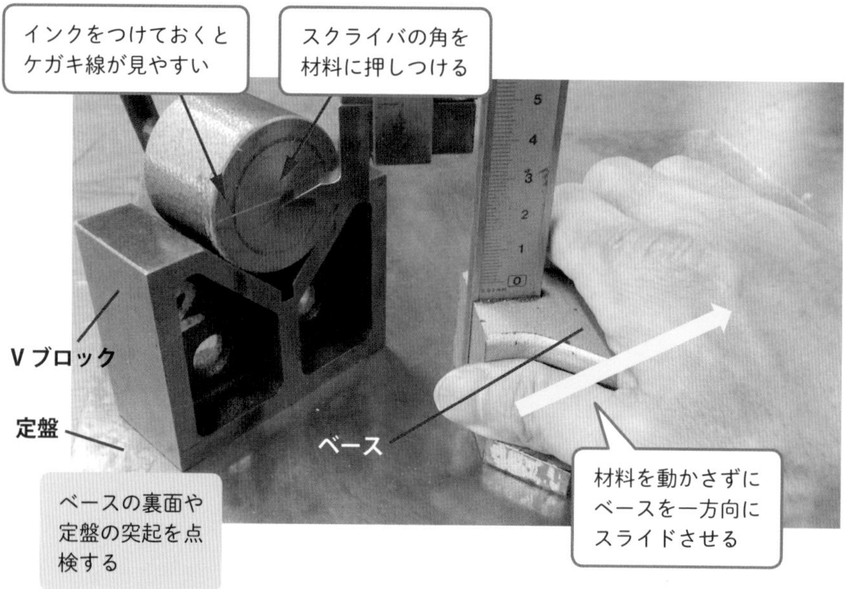

インクをつけておくと
ケガキ線が見やすい
スクライバの角を
材料に押しつける
Vブロック
定盤
ベース
ベースの裏面や
定盤の突起を点
検する
材料を動かさずに
ベースを一方向に
スライドさせる


図2-2-1　ケガキの良さはベースの動かし方が重要

## 測定機器は必ず基準面の設定が必要

スクライバが定盤に接したときに、本尺とバーニヤ目盛りを0mmに調整します（図2-2-3）。ここで、確実に基準をつくり出しておくのです。ノギスと構造が同じのため、鉄粉の詰まりやすい板ばねや各ねじの点検清掃を行います。

また、定盤やベース裏面に突起物があると定盤を傷つけ、ケガキ作業時のガタツキに影響します。使用時は必ず突起の状態を確認しましょう。

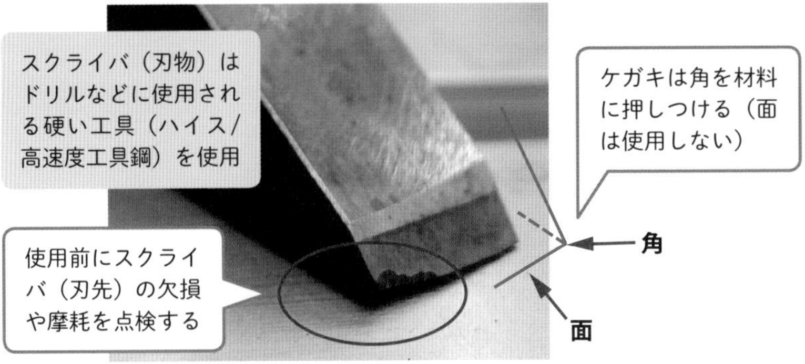
スクライバ（刃物）はドリルなどに使用される硬い工具（ハイス/高速度工具鋼）を使用
ケガキは角を材料に押しつける（面は使用しない）
角
使用前にスクライバ（刃先）の欠損や摩耗を点検する
面

図2-2-2 スクライバ（刃物）の欠損を確認する

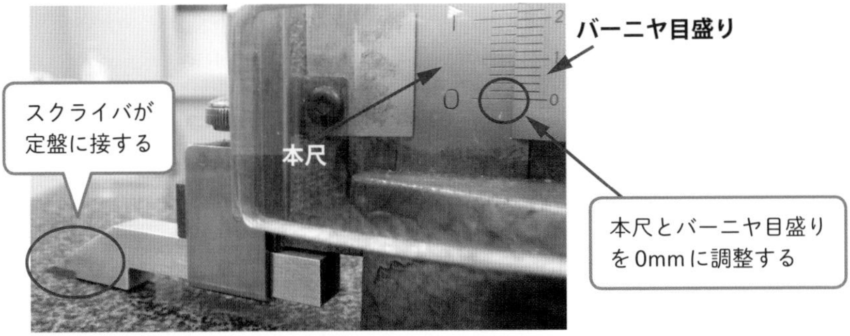
バーニヤ目盛り
スクライバが定盤に接する
本尺
本尺とバーニヤ目盛りを0mmに調整する

図2-2-3 ハイトゲージの鉄粉が詰まる箇所はノギスと一緒

ここがポイント

- スクライバの角で材料表面にケガキ線をつくり出す
- スクライバの欠けは交換する

### ②垂直方向の調整のコツ

ハイトゲージには、垂直方向の位置決めに「粗動固定ねじ」「微動調整ねじ」「微動固定ねじ」があります。それぞれのねじの役割を理解せずに、ねじを締めた状態でスライダを動かすと破損します（図2-2-4）。

図2-2-5に、定盤から高さ50mmの位置にケガキを行うための手順を示します。それぞれのねじの役割を知って、損傷を防ぎたいものです。

【調整手順】（例：定盤から高さ50mmの位置にケガキを行う）

1）「粗動固定ねじ」「微動固定ねじ」を緩めて、スライダを47mm近辺まで移動させる

2）「粗動固定ねじ」を締める

3）「微動調整ねじ」を回して50mmに合わせる

4）本尺とバーニヤ目盛りを一致させて「微動固定ねじ」を締める

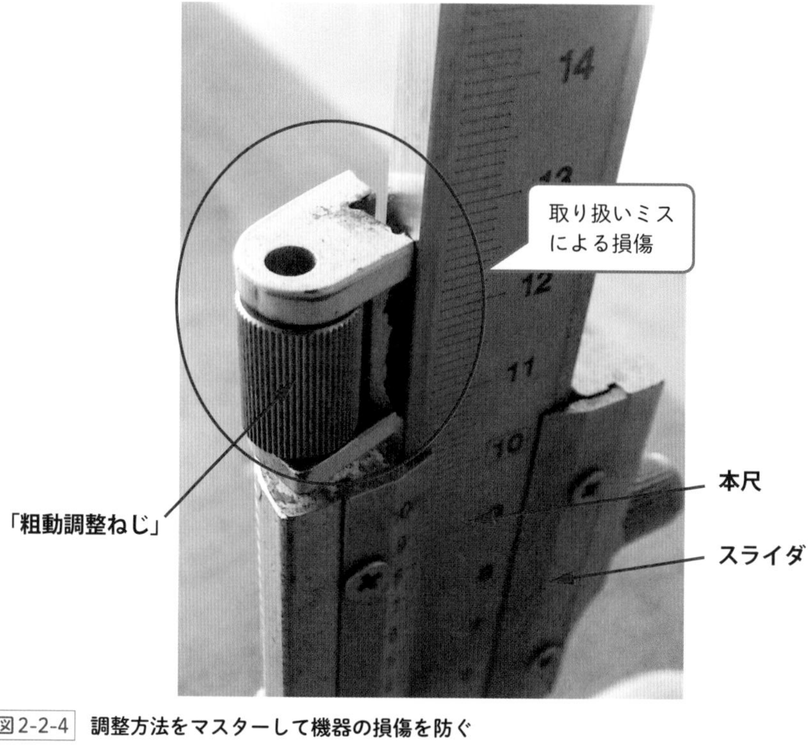


図2-2-4 調整方法をマスターして機器の損傷を防ぐ

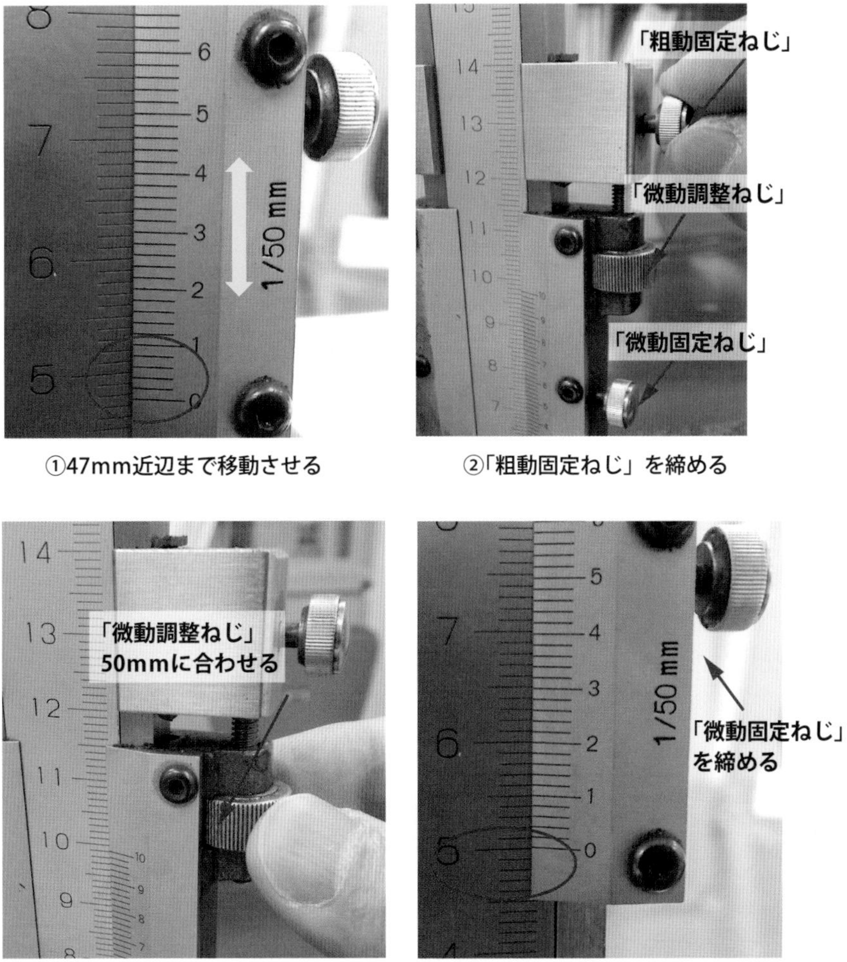
1/50 mm
「粗動固定ねじ」
「微動調整ねじ」
「微動固定ねじ」
「微動調整ねじ」
50mmに合わせる
1/50 mm
「微動固定ねじ」
を締める

①47mm近辺まで移動させる　②「粗動固定ねじ」を締める

③「微動調整ねじ」で 50mm に合わせる　④本尺とバーニヤ目盛りを一致させる

図2-2-5　**各ねじを緩めて設定値（50mm）まで近づける**

**ここがポイント**

- それぞれのねじの役割を知って損傷を防ぐ
- ハイトゲージ以外でも、さまざまな機器の位置決めに「粗動固定ねじ」「微動調整ねじ」「微動固定ねじ」が使われている

# 2-3 てこ式ダイヤルゲージは測定子が損傷しやすい

てこ式ダイヤルゲージは、支点から測定子の角度調整ができることで、さまざまな姿勢での測定が可能です。注意点は測定子が細長いため、曲がりなどの損傷を受けます。作業方法を見直すことにより、機器の損傷を防ぎます。

### ①てこ式ダイヤルゲージの活用方法

### てこ式ダイヤルゲージにはマグネットスタンドが不可欠

てこ式ダイヤルゲージを用いた測定を図2-3-1に示します。Vブロックに歯車軸を配置し、回転振れなどの幾何公差測定に使用します。特にVブロックは2個/1セットで管理し、組み違いによる高さの誤差を防ぎます（マーキングしておく)。また、ダイヤルゲージはマグネットスタンドに取り付けるため、接続部に緩みがないことを点検すべきです。

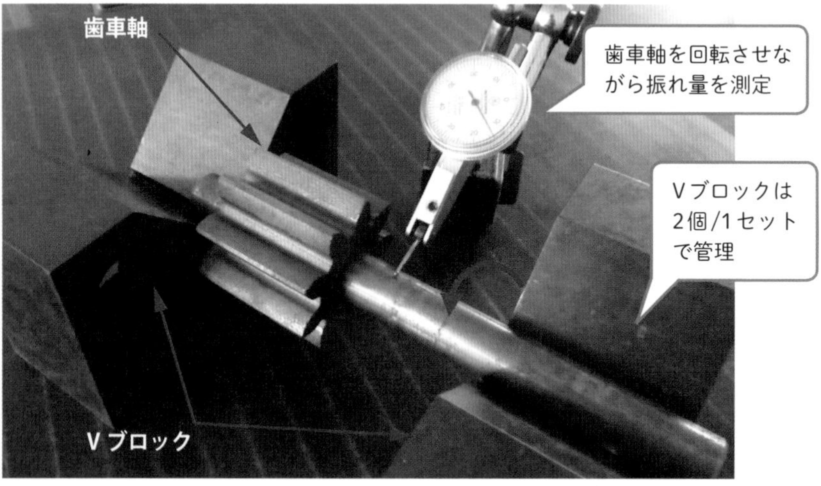
歯車軸
歯車軸を回転させながら振れ量を測定
Vブロックは2個/1セットで管理
Vブロック

図2-3-1 Vブロックを用いて歯車軸の回転精度を測定

## たわみによる測定誤差を小さくする

図2-3-2に工作機械の精度検査作業を示します。取り付け状況によってはマグネットスタンドからの測定距離が長くなり、たわみによる測定誤差が発生します。またマグネットスタンドの接地面が悪いと、測定機器の落下も懸念されます。取り付けにはマグネットスタンドの磁力状態を点検しましょう。

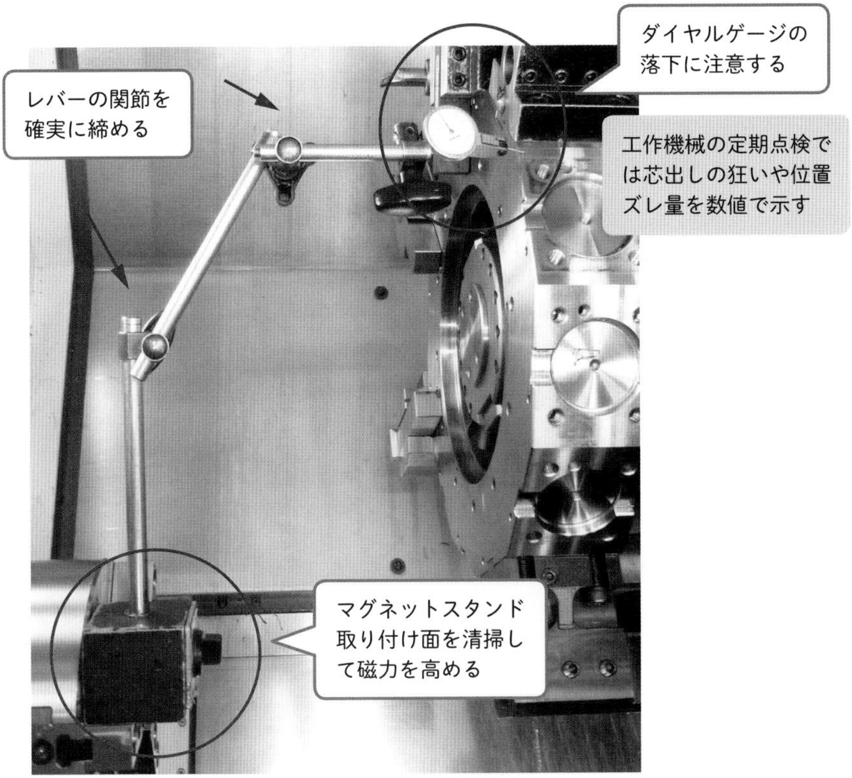
ダイヤルゲージの
落下に注意する
レバーの関節を
確実に締める
工作機械の定期点検では芯出しの狂いや位置ズレ量を数値で示す
マグネットスタンド
取り付け面を清掃し
て磁力を高める

図2-3-2　**測定ポイントまでの距離の長さは測定誤差を生む**

### ここがポイント

- てこ式ダイヤルゲージはマグネットスタンドなどの固定が必要
- マグネットスタンドは磁力や関節部の緩みを点検する
- ダイヤルゲージだけでなく、測定器は全般的に衝撃に弱い

## ②てこ式ダイヤルゲージに負荷を与えない測定方法

### 落下は内部機構を損傷させる

てこ式ダイヤルゲージの内部構造を**図2-3-3**に示します。測定子が動く角度に従って、わずかな変位量を歯車が拡大表示します。したがって、落下による衝撃を与えると狂いが発生します。

### 測定子の向きと回転方向を揃える

**図2-3-4**に工作機械の主軸の回転振れを示します。測定子の向きと軸の回転（走行）方向を合わせることが最良です。向きを対抗させると変位量が伝わり難く、取り付け角度によって誤差が大きくなります。

### 測定子の損傷を判断する

**図2-3-5**に測定子の損傷状態を示します。特に測定面の表面が粗いと、高速回転では測定子先端のボールが摩耗しやすくなります。使用前にはボールの損傷も点検します。チェックポイントは、㋑先端ボールの破断、㋺左右に振ってガタツキが発生する、㋩曲がりの3つです。

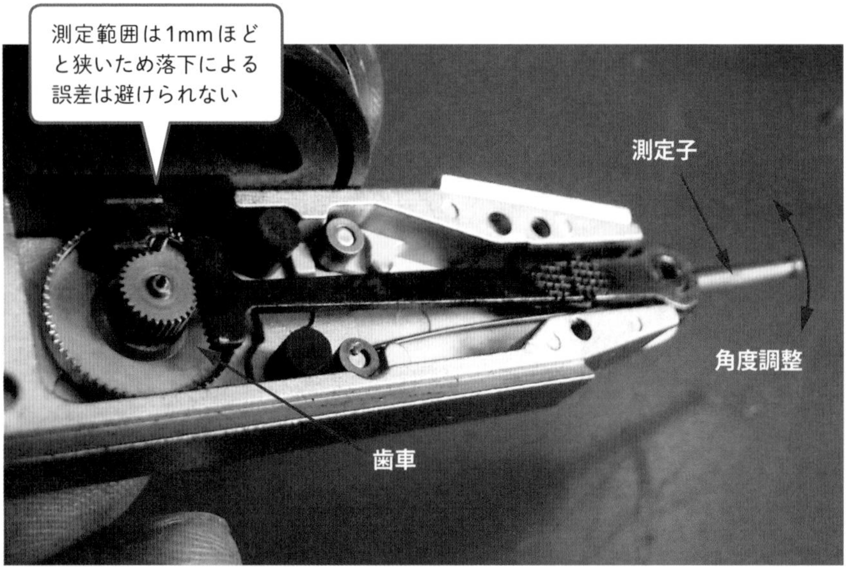


図2-3-3　**測定子の変位を内部機構で拡大表示**

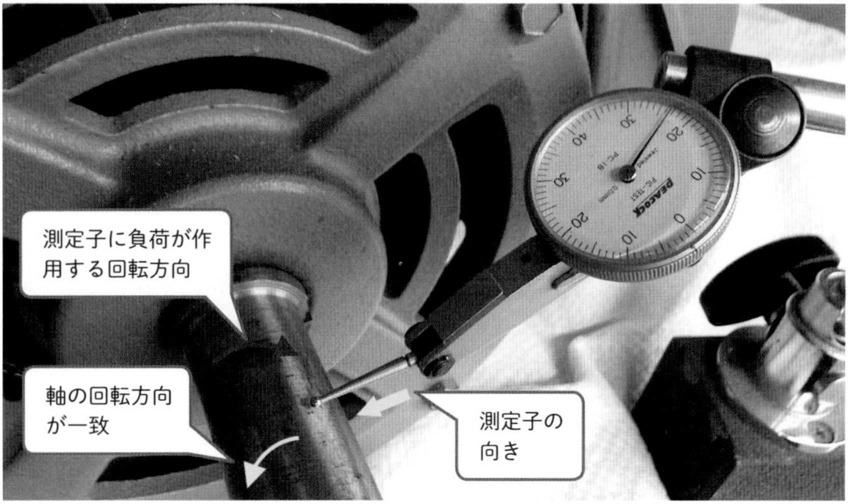


図2-3-4　**測定器に誤差を発生させる回転方向**

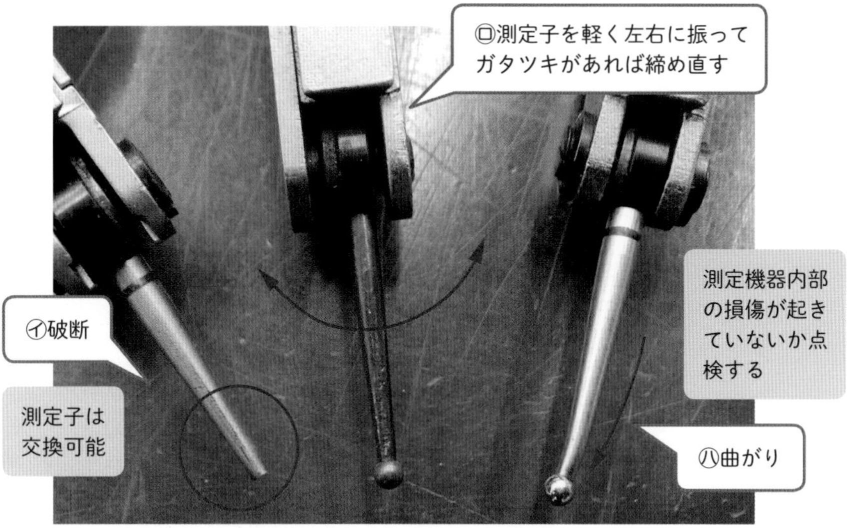

㋺測定子を軽く左右に振ってガタツキがあれば締め直す
㋑破断
測定子は交換可能
測定機器内部の損傷が起きていないか点検する
㋩曲がり

図2-3-5　**測定子の損傷を判断して機器の取り扱いを見直す**

ここがポイント

- てこ式ダイヤルゲージの測定範囲は1mm程度と測定範囲は狭い
- 測定子に負荷が作用しない方向で測定する

# 2-4 測定ポイントからの距離が長いシリンダゲージの点検

深い穴の内径を測るシリンダゲージはダイヤルゲージとセットで使用するため、一方の機器の動きの悪さが測定結果に影響します。機器の取り扱いと点検箇所について示します。

### ①シリンダゲージの読み取り誤差を防ぐ

### ダイヤルゲージとシリンダゲージの取り付け

**図2-4-1**にシリンダゲージを示します。深さに応じてロッドの長さを交換します。ダイヤルゲージの目盛り板とシリンダゲージの測定の向きを同方向に取り付けることで、測定時の読み取り誤差を小さくすることが可能です。

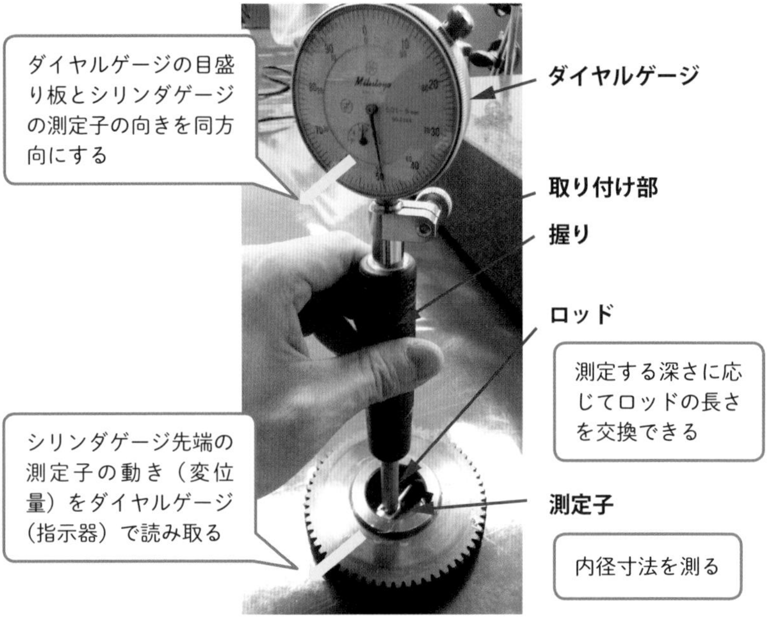
ダイヤルゲージの目盛り板とシリンダゲージの測定子の向きを同方向にする
ダイヤルゲージ
取り付け部
握り
ロッド
測定する深さに応じてロッドの長さを交換できる
シリンダゲージ先端の測定子の動き（変位量）をダイヤルゲージ（指示器）で読み取る
測定子
内径寸法を測る

図2-4-1　深い穴測定にシリンダゲージを活用

## ダイヤルゲージは短針目盛りの動きを見ながら挿入する

ダイヤルゲージの短針が10目盛り（測定範囲が10mm）であれば、短針目盛りは半分（5mm）付近まで挿入して固定します（図2-4-2）。また、測定部の内径基準をつくるには、リングゲージや外径マイクロメーターを用います（図2-4-3）。

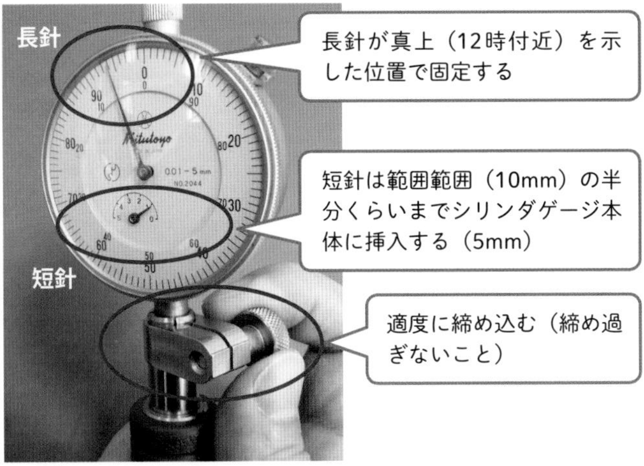
長針
短針
長針が真上（12時付近）を示した位置で固定する
短針は範囲範囲（10mm）の半分くらいまでシリンダゲージ本体に挿入する（5mm）
適度に締め込む（締め過ぎないこと）

図2-4-2 ダイヤルゲージの挿入の仕方で読み取り誤差を防ぐ

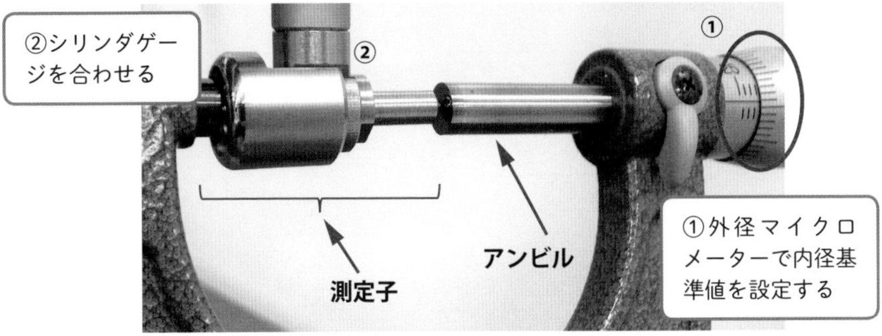
②シリンダゲージを合わせる
②
①
測定子
アンビル
①外径マイクロメーターで内径基準値を設定する

図2-4-3 外径マイクロメーターで内径基準値をつくり出す

ここがポイント

- 内径測定には基準となるリングゲージや外径マイクロメーターを用いる
- ダイヤルゲージの読み方を間違えないように測定練習が必要

### ②測定子の動きを悪化させる要因

#### 測定部は異物が混入しやすい形状をしている

**図2-4-4**に測定部を示します。外筒は、測定子の保護と内側面のガイド役を果たします。異物が混入しやすいため、使用前には外筒の動きを確認します。**図2-4-5**に示すように円筒内面に挿入するときは、必ず測定子側から斜めに挿入します。

#### ちょっとした取り扱いが損傷を招く

シリンダゲージ先端の測定子の動き（変位量）を、ダイヤルゲージ（指示器）で読み取ります。**図2-4-6**に変位伝達部の損傷を示します。アンビルや座金を交換するときに異物が混入すると、測定誤差につながります。

異物が混入しやすい箇所を点検し、測定器の動きの悪さを判断して使用するとよいでしょう。

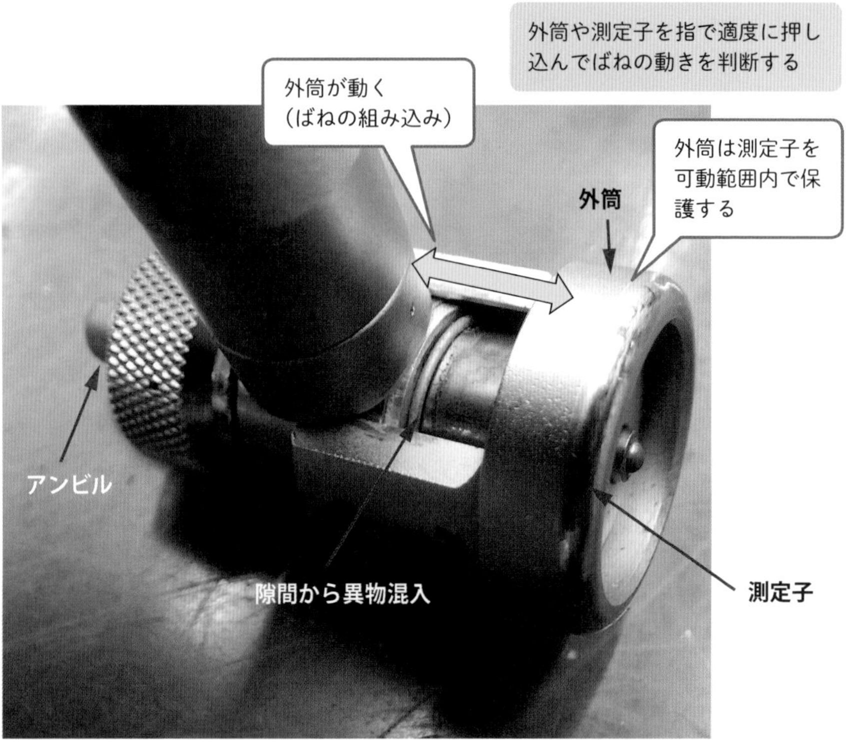
外筒や測定子を指で適度に押し込んでばねの動きを判断する
外筒が動く（ばねの組み込み）
外筒は測定子を可動範囲内で保護する
外筒
アンビル
隙間から異物混入
測定子

図2-4-4　**測定部の異物混入を判断**

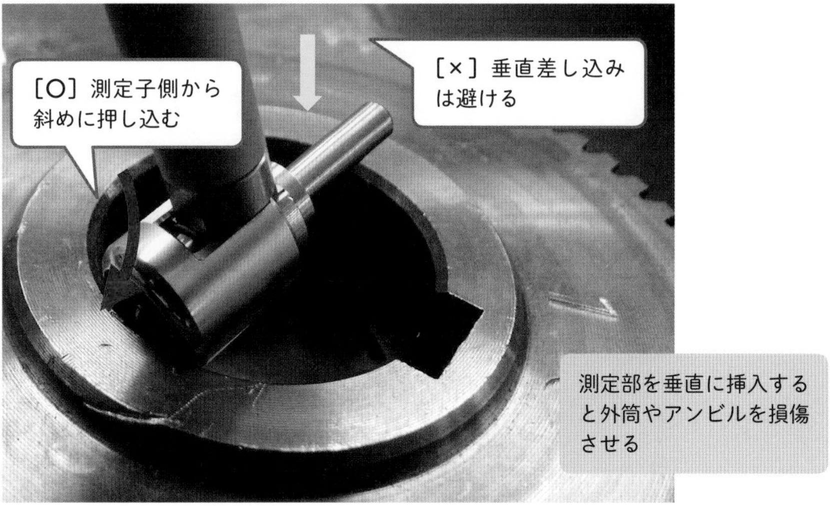
[○] 測定子側から斜めに押し込む
[×] 垂直差し込みは避ける
測定部を垂直に挿入すると外筒やアンビルを損傷させる

図2-4-5 **損傷を防ぐ挿入方法**

キズの程度によっては測定誤差に影響する
測定子を押すとレバーに伝達される
ダイヤルゲージとシリンダゲージそれぞれの誤差が測定値に累積される
レバー（変位伝達部）のキズ

図2-4-6 **レバーの損傷は変位誤差を生み出す**

ここがポイント

・アンビルや座金の紛失を防ぐ
・使用前に自ら異物除去や動きの良否を判断して使用する

# 2-5 マイクロメーターは精密ねじの動きがカギ

仕上げ部品の寸法測定にはマイクロメーターを用います。測定器の動きを点検し、確実な測定技能を身につけることが大切です。

**①ラチェットストップの動きを点検する**

マイクロメーターの測定圧（測定時の締め付け力）を一定にするために、測定範囲内でラチェットストップを回します（図2-5-1）。測定範囲内で「カチッカチッ」と鳴って空回りするようでは、測定器としての性能が得られていません。このようなときはラチェットストップの内部清掃が有効です（図2-5-2）。

また、図2-5-3にマイクロメーターのスピンドルねじ部を示します。一回転（ピッチ）0.5mmの精密ねじによって0.01mmが読み取れます。スピンドルねじ部には、メーカー推奨の専用油を塗布します。なお、ラチェットストップやスピンドルの分解清掃は専門教育を受けてから行いましょう。

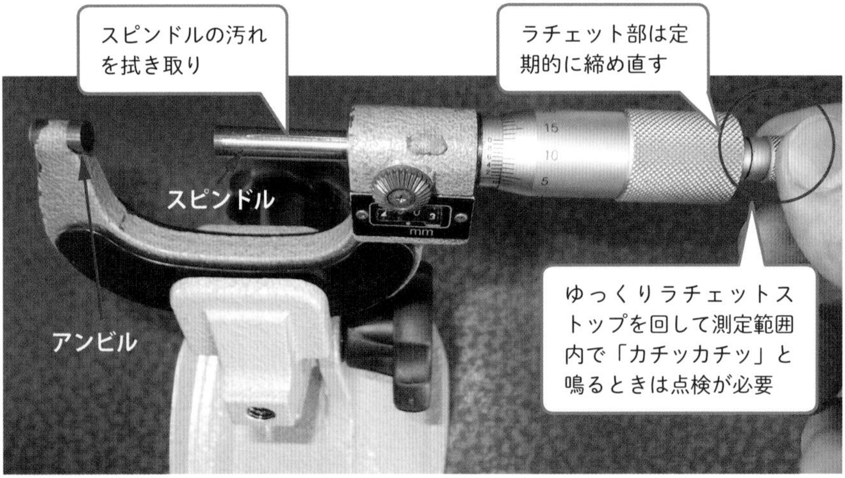
スピンドルの汚れを拭き取り
ラチェット部は定期的に締め直す
スピンドル
アンビル
ゆっくりラチェットストップを回して測定範囲内で「カチッカチッ」と鳴るときは点検が必要

図2-5-1 ラチェットストップの回転性能を感じ取る

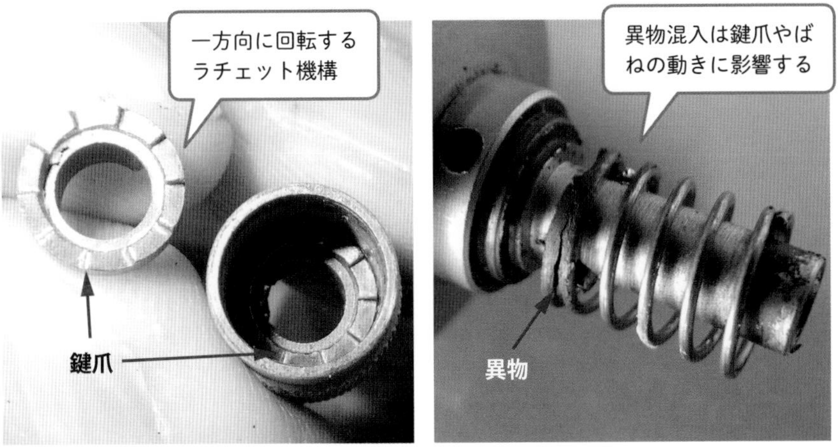
一方向に回転する
ラチェット機構
鍵爪
異物混入は鍵爪やば
ねの動きに影響する
異物

図2-5-2 侵入した異物によってラチェットストップの測定圧が狂う

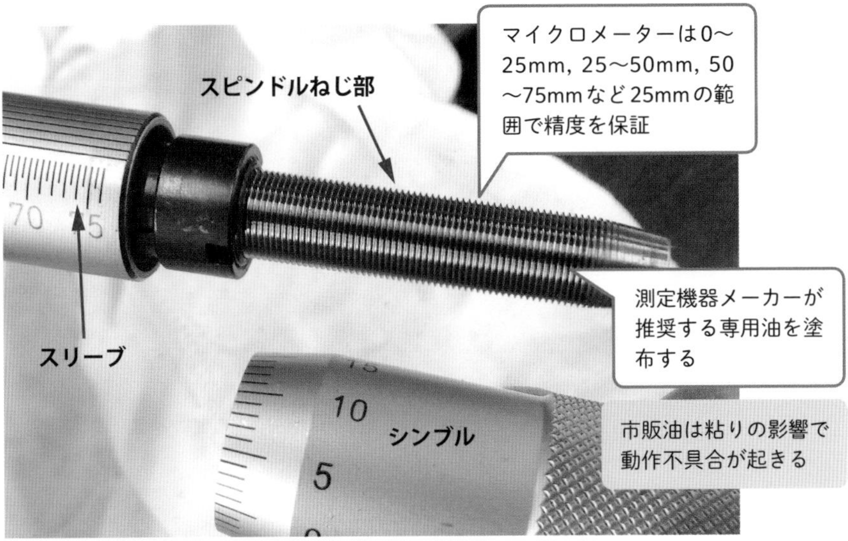
スピンドルねじ部
マイクロメーターは0〜25mm, 25〜50mm, 50〜75mmなど25mmの範囲で精度を保証
スリーブ
測定機器メーカーが推奨する専用油を塗布する
シンブル
市販油は粘りの影響で動作不具合が起きる

図2-5-3 一回転0.5mmの精密なスピンドルねじ部

ここがポイント

- スピンドルやスリーブの回転部に付着した油分や埃を除去する
- ラチェットストップは引っ掛かりなく良好に回転すること
- スピンドルねじ部にはメーカーが推奨する専用油を塗布する

### ②機器の損傷を判断する

#### アンビルとスピンドルの損傷を判断する

スピンドルは使用前後の清掃が必須です。異物が付着した状態で測定を行うと、スピンドルに回転方向の筋目がついて動きが悪くなります（図2-5-4）。

また、測定時の姿勢の悪さや粗い切削面を繰り返し測定すると、アンビルやスピンドルに無理な力が作用して欠損することがあります（図2-5-5）。アンビルやスピンドルのキズおよび欠損は、測定結果に影響するため使用を控えましょう。

#### ゼロ合わせ（校正）の方法

マイクロメーターの高い精度を活かすために、目盛りのゼロ合わせが欠かせません。図2-5-6はアンビルとスピンドルを合わせた際に、スピンドルの中心とスリーブ目盛り（0点）のズレを示します。ゼロ合わせを行うにはクランプを締めて、鍵スパナでスリーブを下から上に向かって回すのです。

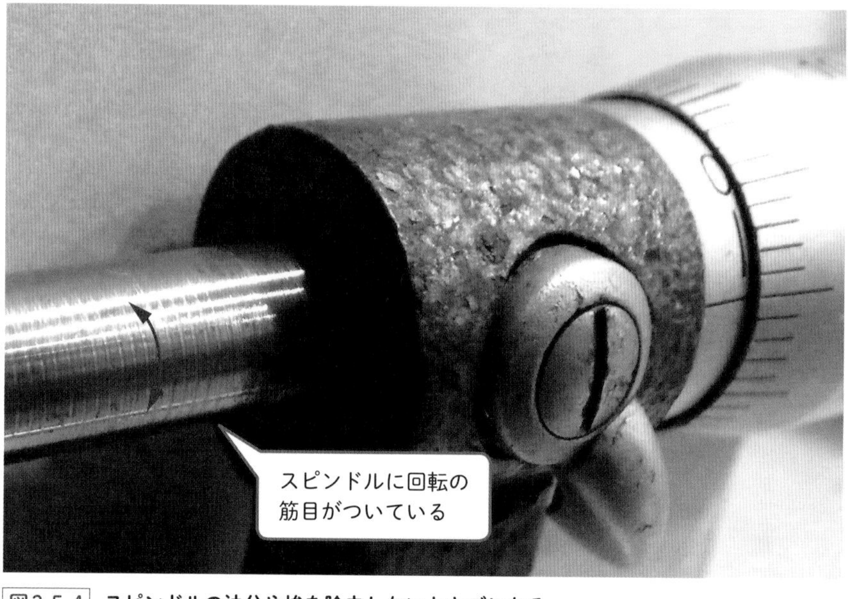
スピンドルに回転の
筋目がついている

図2-5-4　スピンドルの油分や埃を除去しないとキズになる

欠け
落下などによる損傷は機器全体に影響
アンビル

図2-5-5 アンビルの欠け

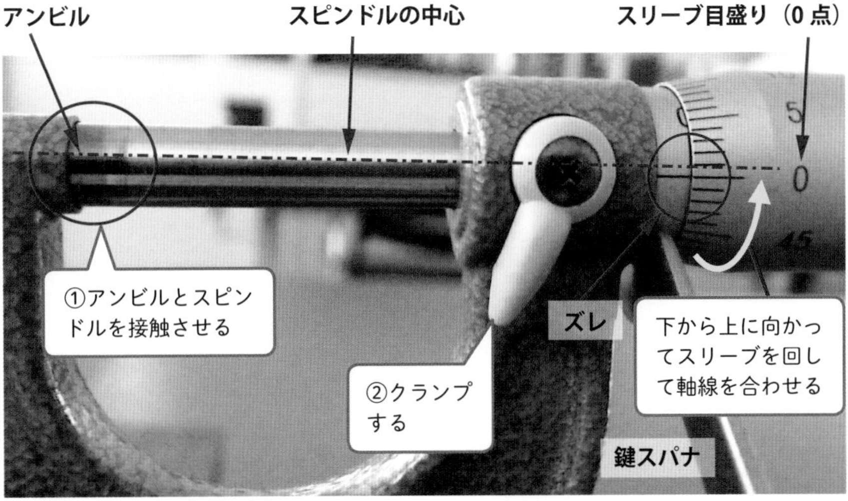
アンビル
スピンドルの中心
スリーブ目盛り（0点）
①アンビルとスピンドルを接触させる
②クランプする
ズレ
下から上に向かってスリーブを回して軸線を合わせる
鍵スパナ

図2-5-6 スピンドルとスリーブの軸線の狂いを調整

ここがポイント

・測定する前も目盛り位置の狂いを確かめる
・マイクロメーターの分解清掃は専門教育を受けてから実施する

# 2-6 トルクレンチの損傷はオーバートルクが原因

トルクレンチは、生産工程での組み付け保証や検査用として欠かせないツールです。しかし、機器の損傷や操作方法の間違えに気づかずに取り扱っていることがあります。ここで、適正な操作と点検ポイントを確認します。

## ①トルク管理の基本は正しい使い方から

### トルクレンチの種類と目盛りの違いを判断する

図2-6-1にトルクレンチの代表的な種類を示します（①プレート形トルクレンチ、②ダイヤル形トルクレンチ、③プリセット形トルクレンチ）。ねじの締め付け力T（N・m）は力（N）×長さ（m）で示されます（1kgf・m≒10N・m）。測定器の目盛りを見て表示の違いを判断します。

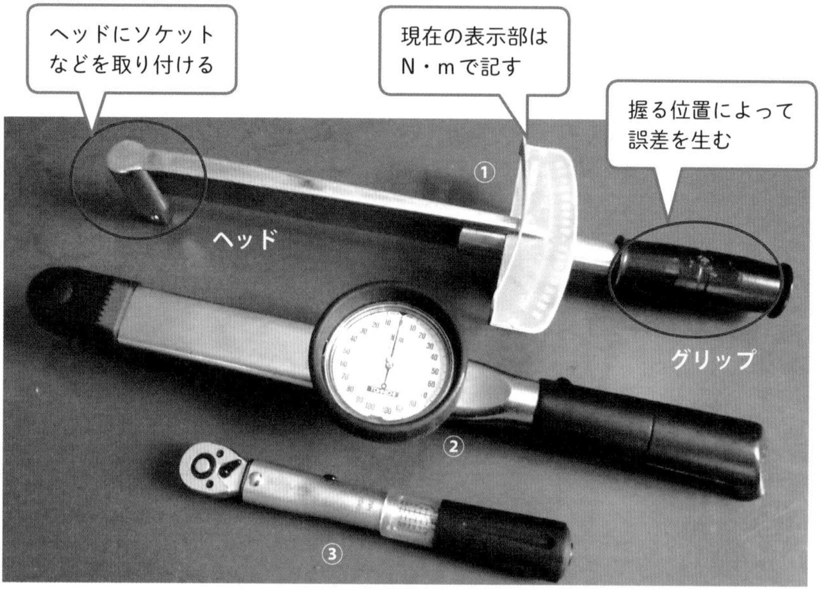
ヘッドにソケット
などを取り付ける
現在の表示部は
N・mで記す
握る位置によって
誤差を生む
①
ヘッド
グリップ
②
③

図2-6-1 生産現場で使用されるトルクレンチ

## 適正なトルクを得る方法を再確認しよう

図2-6-2にプレート形トルクレンチの使用方法を示します。グリップ内部に支点があり、カタカタと振れるタイプが一般的です。

「レバー中心軸」と「グリップ中心軸」を常に一致させた状態で、ゆっくり締め付け方向にトルクを作用させます。図2-6-3に示すように、グリップを傾けた状態だと適正なトルクが得られません（オーバートルク）。

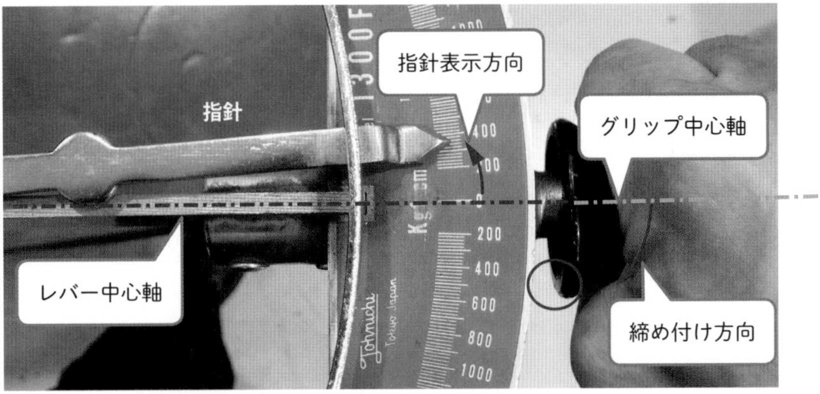
指針表示方向
指針
グリップ中心軸
レバー中心軸
締め付け方向

図2-6-2 トルク作用時は中心軸を一致させる

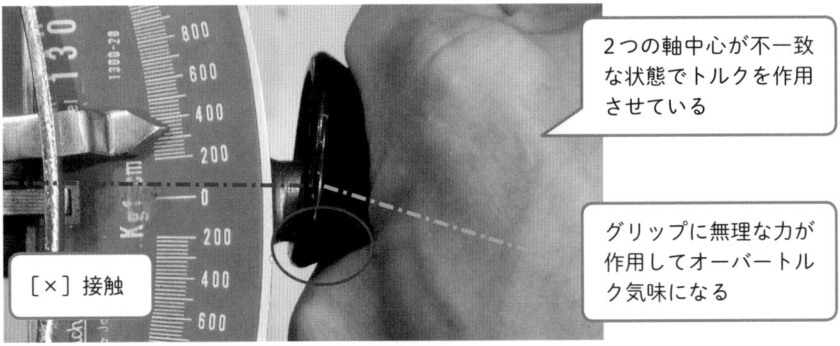
2つの軸中心が不一致な状態でトルクを作用させている
グリップに無理な力が作用してオーバートルク気味になる
[×] 接触

図2-6-3 中心軸の不一致がオーバートルクを発生させる

ここがポイント

・プレート形トルクレンチは、レバーとグリップの軸を常に一致させてトルクを作用させる

### ②トルクレンチの損傷を判断する

**トルクレンチを締結用工具の代用として使用してはダメ**

**図2-6-4**にトルクレンチの損傷を示します。表示部には「締め方向」と「緩め方向」に擦りキズがついています。また、無負荷状態で指針が0を指していません。

トルクレンチで一度締めたねじを点検のために何度も締め直すと、ねじ山が伸びて強度不足につながります（オーバートルクによって）。また反動をつけて測定を行うと、測定器内部のばねを損傷してしまいます。

**プレセット形トルクレンチを使う際の注意点**

**図2-6-5**にプレセット形トルクレンチを示します。使用前にグリップ部でトルク値を設定します。設定トルクに達するとヘッドの角度が変わり、「カチッ」という音や振動で確認できます。特に、作業姿勢が悪いと反動で締め過ぎてしまい、漏れの原因につながります（**図2-6-5**）。

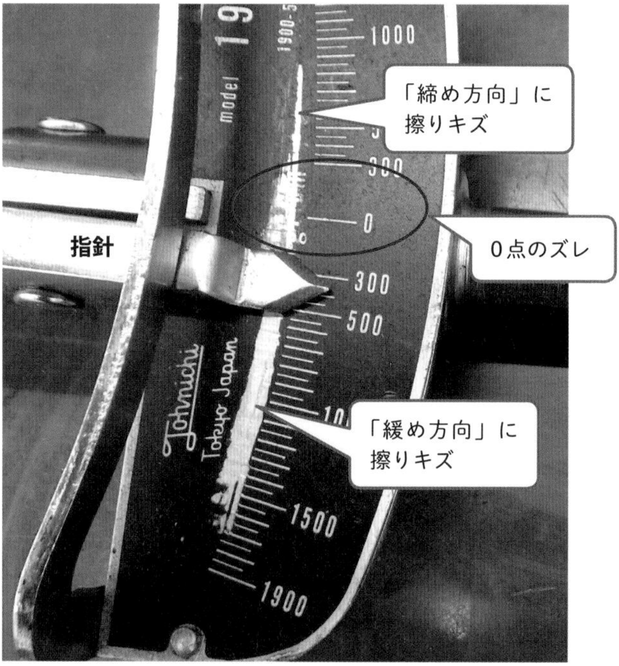


**図2-6-4** 逆方向への回転や作業姿勢を見直す

このほか、ダブルチェックなど確認のために「カチッカチッ」とトルクを作用させると、オーバートルクにつながります。最後に、使用後は測定精度の低下を防ぐ目的で、設定トルク値を測定範囲の最低値にセットして保管するとよいでしょう（図2-6-6）。

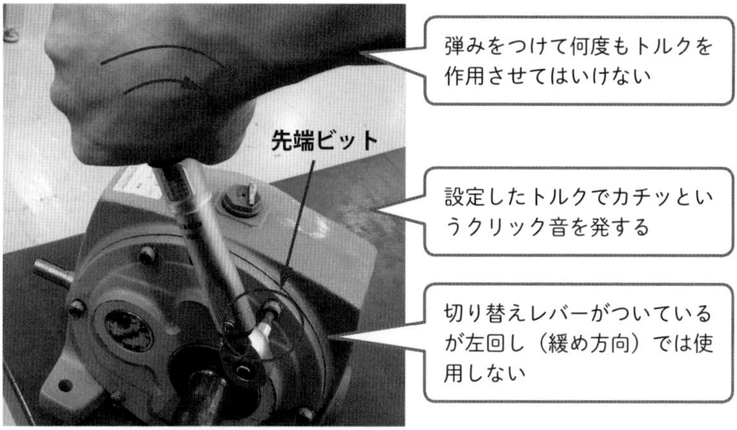
弾みをつけて何度もトルクを作用させてはいけない
先端ビット
設定したトルクでカチッというクリック音を発する
切り替えレバーがついているが左回し（緩め方向）では使用しない

図2-6-5 作業姿勢の悪さを判断してオーバートルクを防ぐ

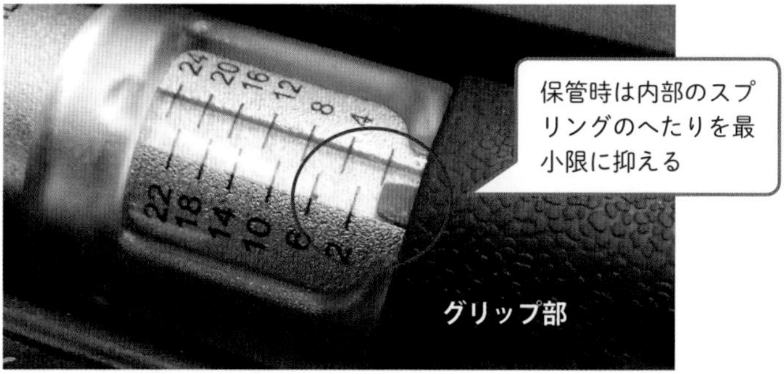
保管時は内部のスプリングのへたりを最小限に抑える
グリップ部

図2-6-6 測定範囲の最低値にセットして保管

**ここがポイント**

・トルクレンチは締める方向に使用する
・プレセット形は確認のために何度も設定値以上にトルクを作用させない
・プレセット形は測定範囲の最低値にセットして保管する

Column 2

# 機器類を共有化するメリット

工具や測定機器などを「共有」化にした際は、いざ使用するときに「機器が入っていなかった、あるいは機器の動きが悪い」となると困ってしまいます。

しかし一方で、「共有」化によるメリットも生まれます。新人教育（OJT）などで一緒に作業を行うときに、「工具箱から『パイレン』持ってきて！」と言われても、新人はそれが工具の名称であるのか何なのかがわかりません（パイレンはパイプレンチの略語）。そこで、写真のように「共有」化しておくと、「この保守作業では、このサイズの工具を、こうやって使うことがわかった」「この測定器の使用方法や注意点を聞いてみよう」などと教育に役立てることができるのです。

こうした「共有」化によって機器類の損傷が発見できれば、使用方法の見直しにも貢献します。「共有」化は機器類の管理のほかにも、教材として活用する格好の機会と考えてみましょう。

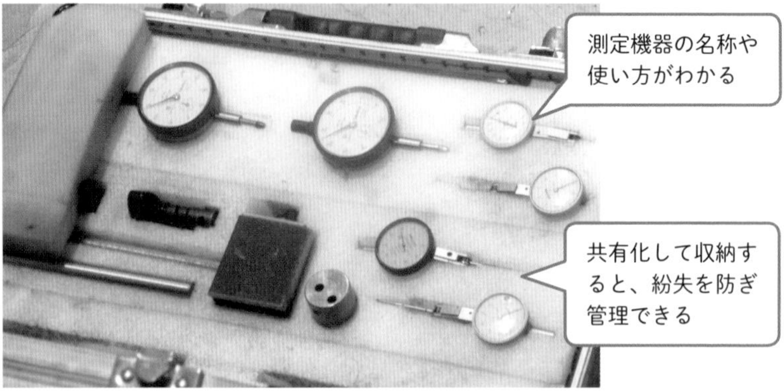
測定機器の名称や使い方がわかる
共有化して収納すると、紛失を防ぎ管理できる

機器を標準化して作業の異常をとらえる

# 第3章

# 潤滑を見直すことでシール性能が向上する

## 【潤滑とシールの保全】

設備の稼働率が高いほど、潤滑性能の劣化を避ける手立てが必要です。特に、作動油やグリスは過度な給油や油種選定の間違えが生じると、期待された効果を得ることはできません。

また液体や気体の漏れに加え、外部からの異物侵入を防ぐためにさまざまなシールが使われます。たとえ交換頻度を高めても、シールの厚みや弾力性の違いから漏れが発生したり、早く寿命を迎えたりすることは多いようです。潤滑方法の最適化とシールの適切な取扱方法を整理しましょう。

# 3-1 常時稼働しているコンプレッサはオイルの劣化が早い

コンプレッサの停止や故障は、生産に大きな影響を与えます。そこで、オイル（コンプレッサオイル）やフィルターなどの機能を確認し、コンプレッサの停止を防ぐようにします。

**①オイルやフィルターの交換はなぜ必要か**

**スクリューコンプレッサの構造を知ろう**

コンプレッサは大気中の空気を、①モーターを回して、②ポンプで吸い込み圧縮します（**図3-1-1**）。大気中の埃は、③エアフィルターで除去します。ポンプの摩耗を防ぐために、④オイルタンクにオイルを適量入れます。

オイルは、⑤オイルフィルターを通して循環されます。また、ポンプ通過後の圧縮空気はミスト状のオイルや水分を含んでいるため、⑥オイルセパレータで除去してから圧縮空気を生産ラインに吐出する、というのが一連の動作です。

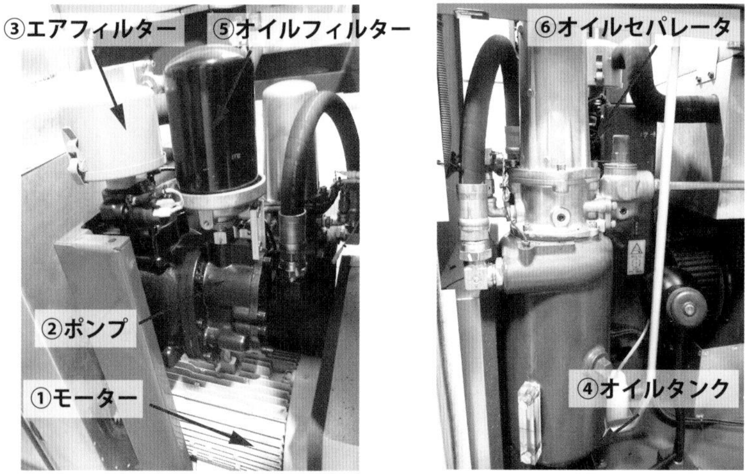
③エアフィルター
⑤オイルフィルター
②ポンプ
①モーター
⑥オイルセパレータ
④オイルタンク

図3-1-1 コンプレッサ内部の構成

## 潤滑油の油量を適切に保つ

図3-1-2に油面計（オイルゲージ）を示します。油量（オイルの量）は中央の円内にあることが最良です。また、空気だまりをつくると油量が判断できます。

上限を超えている場合は「過多」となり、モーターに負荷が掛かります。油量が下限以下であれば「不足」となり、ポンプ内部の圧縮機構が焼きつくことがあります。特に図3-1-3は油面計が変色して油量の状態が把握できず、オイルの劣化（炭化）が原因と考えられます。

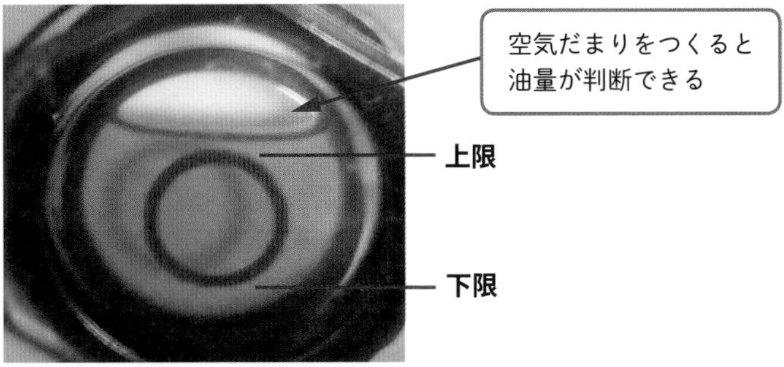
空気だまりをつくると
油量が判断できる
上限
下限

図3-1-2　油面計は油量情報を示す

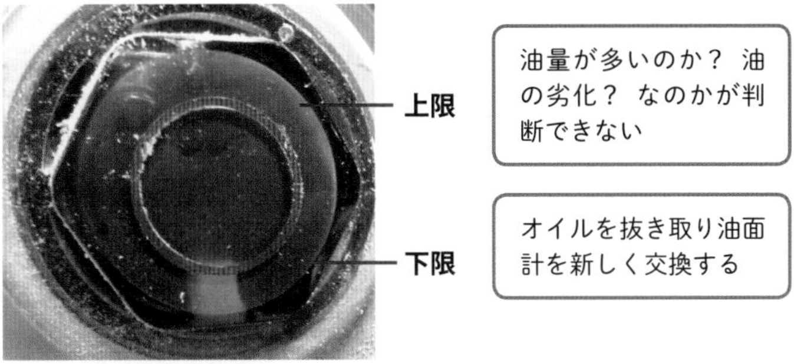
上限
下限
油量が多いのか？ 油の劣化？ なのかが判断できない
オイルを抜き取り油面計を新しく交換する

図3-1-3　油面計の変色

ここがポイント

- 圧縮時に発生する熱やポンプ内部の金属摩耗は潤滑性能を低下させる
- オイル交換の頻度は年に1～2回程度が一般的と推奨されている
- 適正油量を日常点検で確認する

### ②ポンプの潤滑性能を低下させるものは何か

**ベルトのスリップ音の原因はフィルターの目詰まりを疑う**

図3-1-4にエアフィルターの目詰まり状態を示します（同時にオイルセパレータも目詰まりが発生)。それぞれのフィルターの目詰まりはポンプの潤滑性能を劣化させます。モーターはポンプ機能が低下しても回り続けるため、徐々にベルトがスリップを起こして（空回りして鳴き出す）破断に至るのです。

**給油時よりも油量が増加？**

オイルを適量範囲内に入れても、数カ月後には油面計の油量が増加するのは危険信号です（図3-1-5)。コンプレッサからレシーバタンクまでの配管内に、ドレン（水分）が溜まっていたことが原因です（図3-1-6)。

ドレン（水分）がオイルタンク内に混入すると、オイルの粘度（粘り）が変化してポンプの機能低下（圧力や吐出量）に至ります。配管の取り回しを変更して、全量交換が必要です。

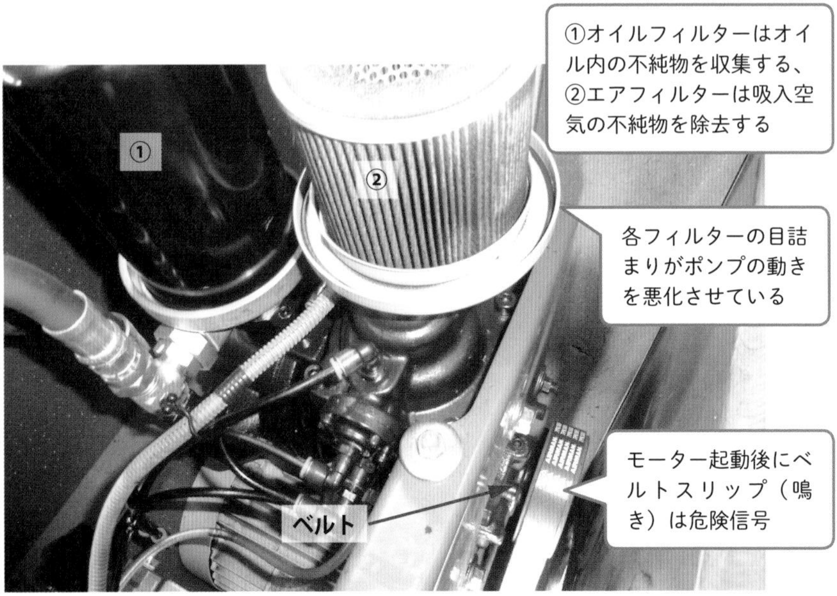
①オイルフィルターはオイル内の不純物を収集する、②エアフィルターは吸入空気の不純物を除去する
①
②
各フィルターの目詰まりがポンプの動きを悪化させている
モーター起動後にベルトスリップ（鳴き）は危険信号
ベルト

図3-1-4 紙製エアフィルターの目詰まりは新品と交換

### オイルは油種選定が肝

コンプレッサの形式（レシプロ、スクリュー）によってオイルの粘度が違います。レシプロ形は粘度が高く（ドロドロ）、スクリュー形は合成油であるため粘度が低い（サラサラ）のが特徴です。機種に合わせた油種をコンプレッサメーカーに確認しましょう。

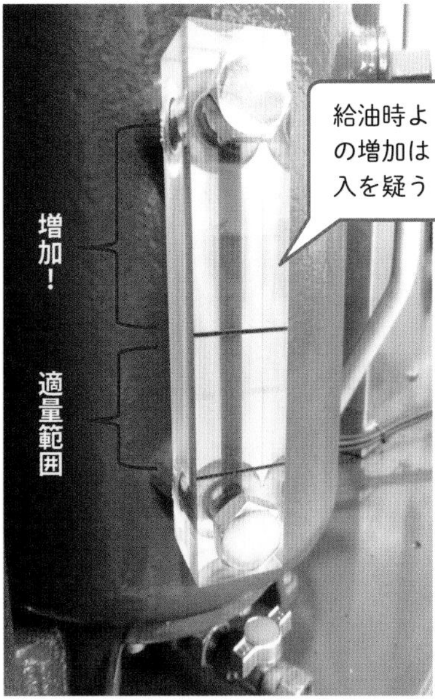
給油時よりも油面の増加はドレン混入を疑う
増加！
適量範囲

図3-1-5 **油量の増加**

レシーバタンク
コンプレッサ
たるみ部にドレン（水分）が溜まる

図3-1-6 **吐出配管の悪い取り回し**

**ここがポイント**

- オイル交換と同時にオイルフィルターやオイルセパレータの交換を検討する
- 定期点検で油量の増加を判断する
- オイルの交換は油種を確認する

# 3-2 油種選定ミスを防ぎ給油状況を確認しよう

一台の工作機械には、歯車潤滑油や摺動面潤滑油などさまざまな油種が使用されています。油種選定ミスによるトラブルを防ぎ、給油状況を確認しておきましょう。

## ①誤った油種選定は装置寿命を縮める

### 油種に求められる性能を確認しよう

図3-2-1に、一台の工作機械に使用される油種を示します。また油種の性能には、①防錆性、②酸化安定性（油の変化）、③粘度指数（粘さの変化）などさまざまな特性が要求されます。特に「多目的油」については明確な規定はなく、摺動面や歯車それぞれの潤滑を重視したものなど製品が混在しています。

【油種】
①歯車潤滑油：歯車同士の噛み合い負荷に耐える「極圧性」を付加
②摺動面潤滑油：動き/止まりが多く引っ掛かりを防ぐ「スティックスリップ防止性」を付加
③軸受潤滑油：軸受の「防錆性」を付加

同じ機能を有する工作機械であってもメーカーによって推奨される油種が異なる

図3-2-1 生産設備に使用される油種の特性を知る

## 潤滑油を選定するときに必ず聞かれる粘度とは

**図3-2-2**にオイル缶を示します。粘度（粘さの程度）はISOによって規定され、VGで表されます。数値が小さいほど（VG32）粘度が低く、大きいほど（VG68）粘度が高くなります（**図3-2-3**）。給油場所には使用油を記載し、選定ミスによる焼付き故障を防ぎましょう。

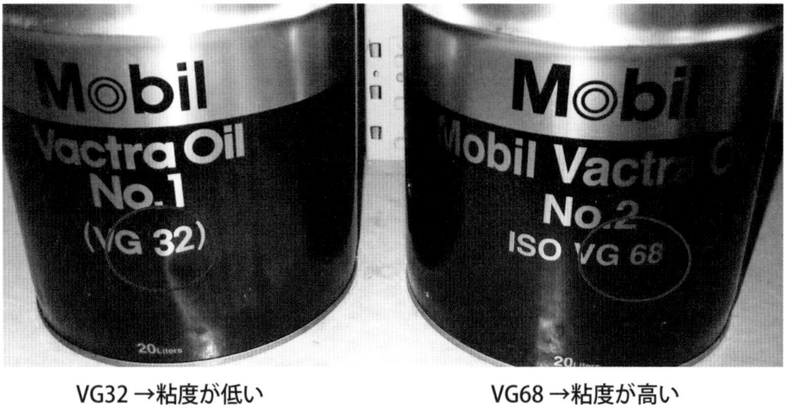


図3-2-2　タンクに表示される粘度

| ISO　粘度グレード番号 |
|---|
| ISO　VG2 |
| ISO　VG32 |
| ISO　VG46 |
| ISO　VG68 |
| ISO　VG150 |

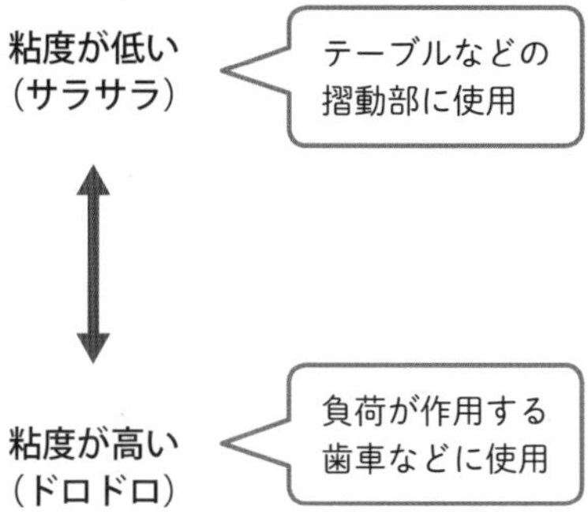
粘度が低い
（サラサラ）
テーブルなどの
摺動部に使用
粘度が高い
（ドロドロ）
負荷が作用する
歯車などに使用

図3-2-3　機器の稼働に適する粘度を選定

**ここがポイント**

- 機械を長く使い続けるためには適切な油種の選定が必要
- 機器の故障を防ぐために給油タンクには使用油を記載しておく

②循環式給油機器における給油先を確認しよう

図3-2-4に動力内部の集中給油配管を示します。軸受や歯車の摩耗や損傷を防ぐために、給油配管（銅またはアルミ）を通して分配されます。

動力内部のポンプが適正に循環していることを確認する目的で、給油配管の一部が点検窓に配置されます（図3-2-5）。油面計とは異なります。特に部品を交換したときなど、給油配管の先がずれます。指先で給油配管をつぶさないように再調整します（図3-2-6）。

また、吐出量が少ないときは給油量を確認します。動力内部の配管詰まりや漏れを点検しましょう。

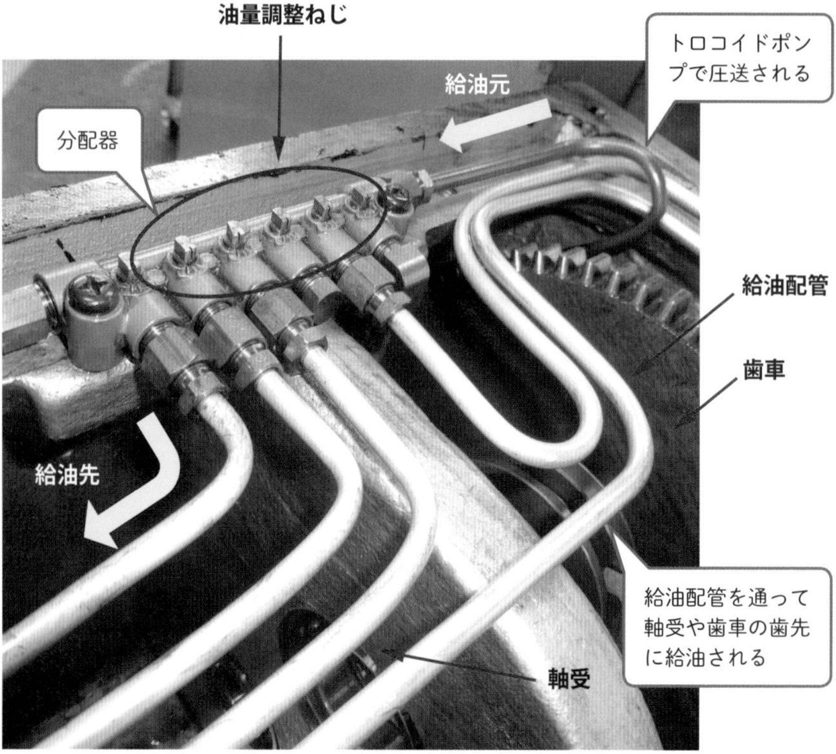
油量調整ねじ
トロコイドポンプで圧送される
給油元
分配器
給油配管
歯車
給油先
給油配管を通って軸受や歯車の歯先に給油される
軸受

図3-2-4 歯車ボックス内部の集中給油状況

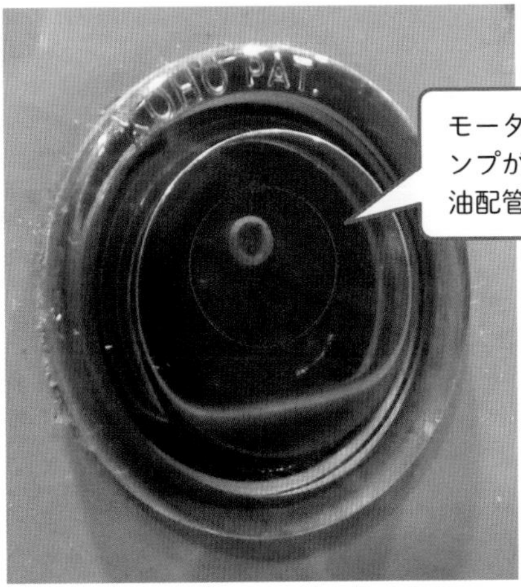
モーターが起動するとポンプが油を吸い込み、給油配管から吐出される
油面計（上限と下限）とは異なる

図3-2-5 **給油配管からの吐出状態を確認**

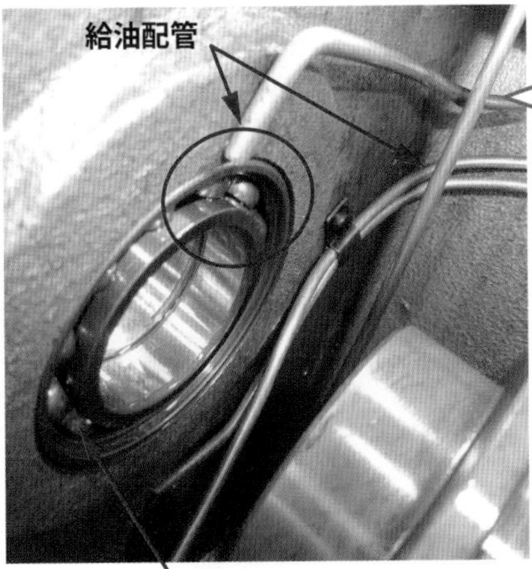
給油配管
軸や軸受の回転と給油配管が干渉しないように配置されている
吐出量が少ないときは配管詰まりや漏れを点検する
高回転での使用や負荷荷重が大きいときは開放形軸受が使用される（グリス封入タイプのシールド形軸受は使用しない）
開放形軸受を使用

図3-2-6 **開放形軸受への給油先の確認**

ここがポイント

- 吐出量は同型機と比べて判断する
- 給油配管の吐出量が少ないときは、油面低下や配管詰まりによる漏れを点検する
- 給油配管が回転機器に巻き込まないことを確認する

# 3-3 設備に必要な給油状況を点検しよう

工作機械の摺動面には潤滑が必要です。始動前に暖機運転を行い、機器の隅々まで給油されていることを確認します。

### ①潤滑油が急所に行き届いているか

### 暖機運転時の摺動面への給油状態を点検する

**図3-3-1**に工作機械の摺動面を示します。始動前に暖機運転を数分間実施し、潤滑油を摺動面に行き渡らせることが大切です。

特に局所摩耗による引っ掛かり（スティックスリップ現象）が起きると、ビビリ振動が発生して切削面を悪化させます。摺動面に十分な油膜が形成されてから実作業に取り掛かるべきです。

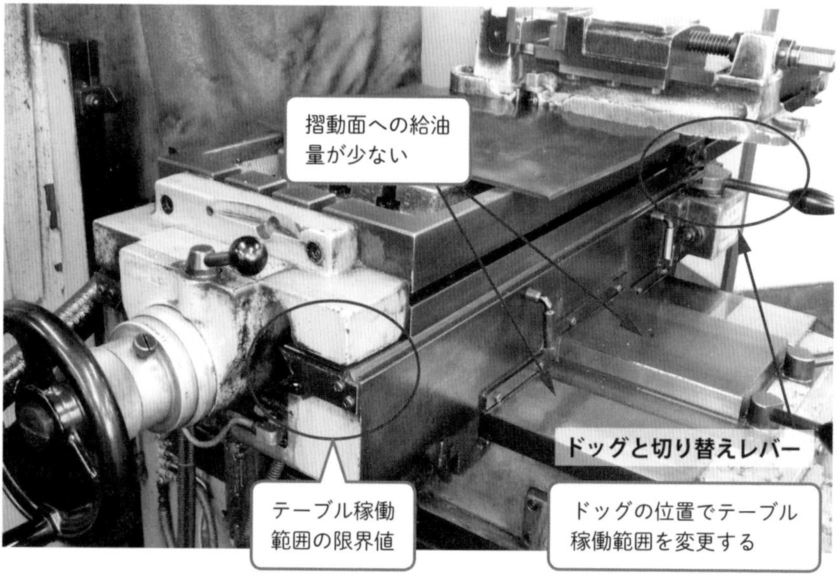

摺動面への給油量が少ない
ドッグと切り替えレバー
テーブル稼働範囲の限界値
ドッグの位置でテーブル稼働範囲を変更する


図3-3-1　**摺動面の油膜状態を点検**

## ドッグの切り替え位置の調整ミスは集中給油配管の損傷を招く

**図3-3-2**に、ドッグの切り替え位置の調整ミスにより、テーブルが稼働範囲を超えた状態を示します。ドッグの切り替え位置を超えて無理にテーブルを稼働させたため、集中給油配管の損傷に至りました（**図3-3-3**）。潤滑油が摺動面に行き届かないときは、集中給油配管の点検を行うとよいでしょう。

テーブル稼働範
囲を超えている

図3-3-2　**テーブル稼働範囲を超えた状態**

油漏れ
集中給油配管の
一部が破損して
油漏れが発生
摺動面への給油
ができない

図3-3-3　**集中給油配管の損傷**

**ここがポイント**

・適正な作動油を供給して局所摩耗を防ぐ
・ドッグの切り替え位置の目的を確認する

## ②潤滑油の減り具合と漏れを判断する

### 自動給油器の動きを確認しよう

図3-3-4に自動給油器を示します。設備の主電源を入れると、自動給油器の「①駆動モーター」が稼働します。「②吸い込みピストン」で作動油を一定量吸い込み、自動で吐出されます。吐出先の「③濾過フィルター」は、作動油に含まれるスラッジなどを除去します。

目詰まりがひどくなると、継手の弱い部分から漏れとなって現れます。銅配管などは増し締めに耐えられないため、締め過ぎに注意します。

### 作動油が劣化するとフィルターが目詰まる

周囲環境の温度差の変化は、「④油タンク」内に結露を発生させて作動油を劣化させます（図3-3-5）。劣化した作動油は「②吸い込みピストン」のフィルターを目詰りさせます（図3-3-6）。減った作動油の量だけ追加（追油）していると、劣化に気づくのが遅れるようです。

作動油の減りが少ないときは、「④油タンク」内の清掃と「②吸い込みピストン」のフィルターや「③濾過フィルター」を交換します。

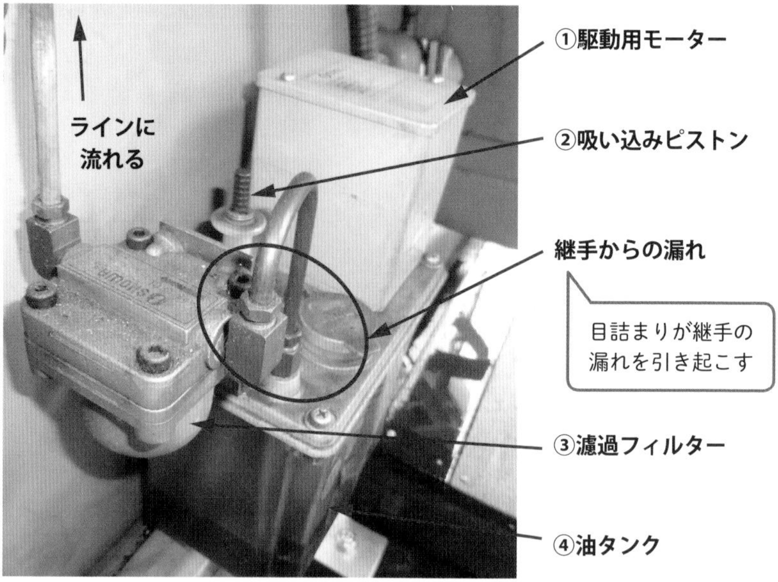

ラインに
流れる
①駆動用モーター
②吸い込みピストン
継手からの漏れ
目詰まりが継手の
漏れを引き起こす
③濾過フィルター
④油タンク


図3-3-4　配管からの油漏れは給油経路に目詰まりがある証拠

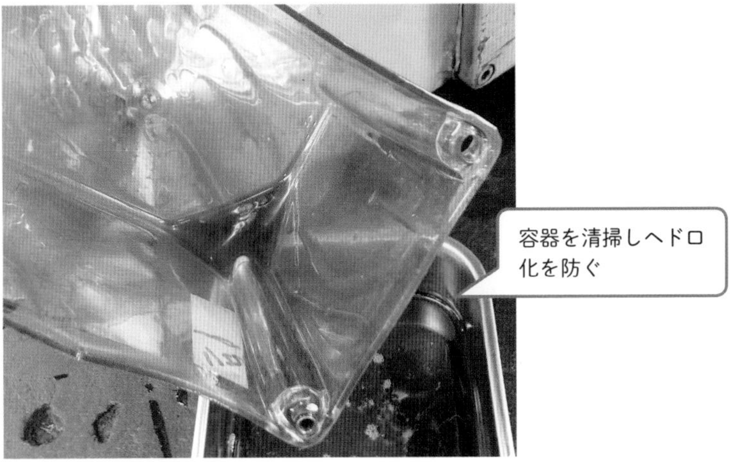
容器を清掃しヘドロ
化を防ぐ

図3-3-5 **定期清掃でヘドロ化を防ぐ**

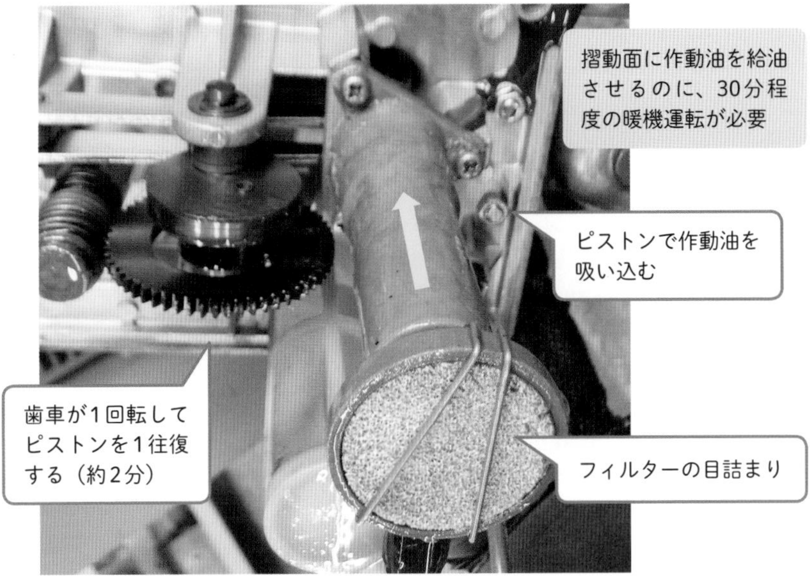
摺動面に作動油を給油
させるのに、30分程
度の暖機運転が必要
ピストンで作動油を
吸い込む
歯車が1回転して
ピストンを1往復
する（約2分）
フィルターの目詰まり

図3-3-6 **吸い込みピストンのフィルターの目詰まり**

ここがポイント

- フィルターの目詰まりによる油漏れは、増し締めでは解決しない
- 自動給油器は定期的に油タンクの清掃とフィルター交換を行う

# 3-4 負荷が作用する場所では油潤滑よりもグリスを使用

油潤滑に比べて粘いグリス（半固体潤滑）は、軸受や直動レールなど負荷が作用する要素部品に直接給脂させます。給脂のポイントを示します。

## ①給脂ポイントを特定する

**図3-4-1**に軸受ユニットを示します。軸受ユニットは軸を支えるため、2カ所以上配置されています。それぞれのグリスニップルからグリスガンを用いて給脂します。

**図3-4-2**は、グリス給脂ポイントが止めねじでふさがれています。高速回転や高加重が作用するなど軸受負荷が大きいようであれば、軸受寿命が短くなります。このときは、グリスニップルにつけ替えて給脂できるように変更しましょう。

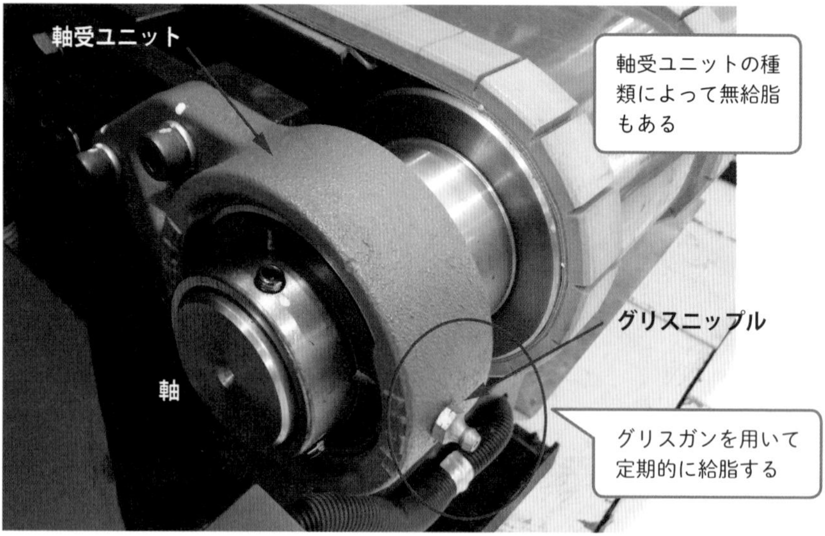

軸受ユニット
軸受ユニットの種類によって無給脂もある
グリスニップル
軸
グリスガンを用いて定期的に給脂する

図3-4-1 軸受のグリスニップルを見つける

図3-4-3は軸方向に可動するスライド機構を示します。表面には小刻みに停止位置が変化していることが確認できます。局所摩耗による引っ掛かり（スティックスリップ現象）を防ぐためにも、給脂周期を決めます。機器によって給脂が難しい場所には、自動給脂器（オートグリスカップ）が有効です。導入を検討してみてください。

グリスニップル
に変更する

操作マニュアルを見て給脂ポイントの存在に気づくことがある

給脂ポイントは設備の裏側や作業し難い狭い場所などにもある

図3-4-2　**止めねじを外してグリスニップルに変更**

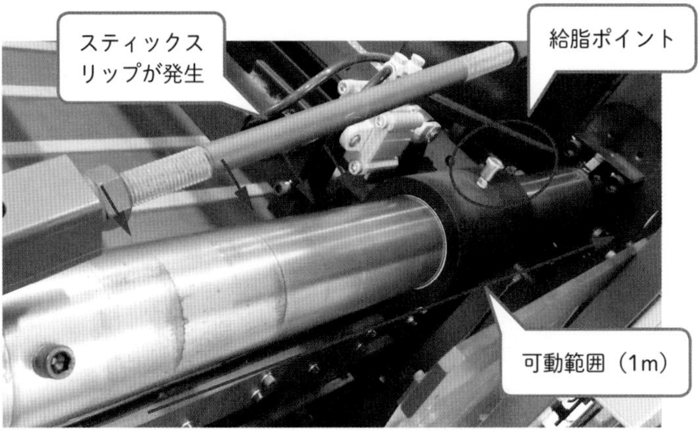
スティックス
リップが発生
給脂ポイント
可動範囲（1m）

図3-4-3　**局所摩耗によるスティックスリップ現象を給脂で防ぐ**

**ここがポイント**

・回転軸受や軸方向の可動部には必ず給油ポイントがある
・グリス給脂する要素部品の役目（機能）を考える

### ②グリスを直動レールに塗っても効果はない

図3-4-4に直動機構（直動レール/直動ブロック）を示します。内部の転動体（玉）が循環することで、振動の少ない動きを可能とします。

グリスは直動ブロック内部の転動体（玉）に給脂して、余分なグリスはダストシールから排出されます。注意点はグリスの給脂が不足すると、精度の高い動きが期待できなくなります。このようなトラブルを防ぐために、確実にグリスを給脂させたいときは、グリスガンによる個別給脂器などが有効です（図3-4-5）。

### ③集中給脂器にはグリスカートリッジの交換が必要

図3-4-6はグリスポンプによる集中給脂器（強制給脂）を示します。

グリスは、専用のカートリッジをグリスポンプにセットします。工作機械の多くは、潤滑油やグリスの圧力・油量はセンサーで監視され、不足の場合は異常検出としてアラーム表示されます。補充が頻繁になってきた場合は、どこかで漏れている可能性が高いです。

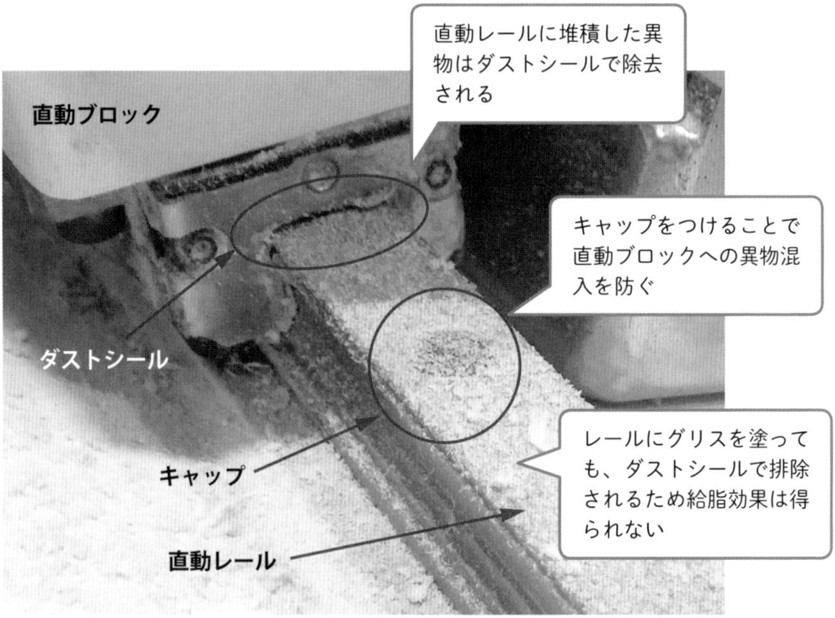
直動レールに堆積した異物はダストシールで除去される
直動ブロック
キャップをつけることで直動ブロックへの異物混入を防ぐ
ダストシール
キャップ
レールにグリスを塗っても、ダストシールで排除されるため給脂効果は得られない
直動レール

図3-4-4　直動レールは内部に給脂しないと潤滑性能が得られない

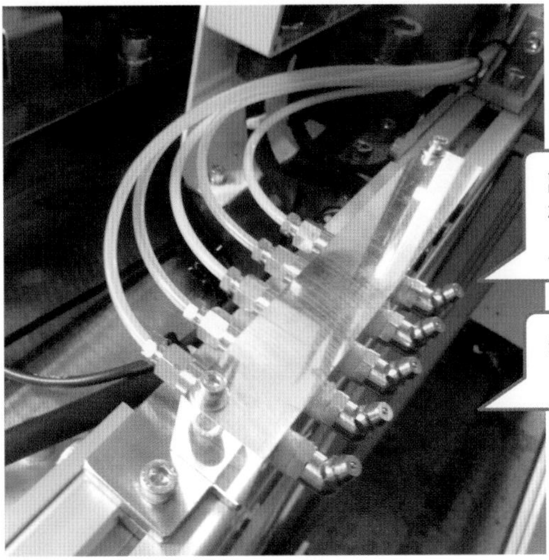
離れた機器への給脂を確実に行いたいときに用いる
給脂先に行き届いていることを確認する

図3-4-5 **グリスガンによる個別給脂器**

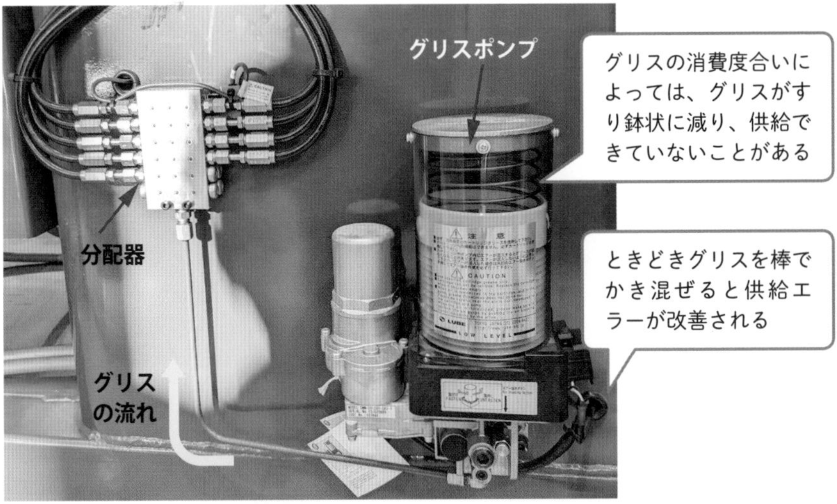
グリスポンプ
グリスの消費度合いによっては、グリスがすり鉢状に減り、供給できていないことがある
分配器
ときどきグリスを棒でかき混ぜると供給エラーが改善される
グリスの流れ

図3-4-6 **グリスポンプによる集中給脂器**

ここがポイント

・粘りのあるグリスが確実に給脂先に届いていることを点検する
・直動レールにグリスを塗っても給脂効果は得られない

# 3-5 Oリングは押しつぶして使用する

Oリングは再使用すると漏れが発生するため、交換が必要です。特に内圧の高い場所などではOリングの変形が大きく、一部が切れたりすると封止効果が得られません。Oリングの取り扱いと交換方法を確認しておきましょう。

## ①Oリングは円形断面を押しつぶすことで漏れを防ぐ

### Oリングはバランスの良い締結力が重要

**図3-5-1**に、Oリングを機器に装着した状態を示します。Oリングは円形断面を押しつぶす（つぶし代）ことで漏れを防ぎます。したがって、“つぶし代”が少なければ反発力が低下し、密封が保てず流体が漏れます。

円形断面のOリングが四角く変形した場合は、“つぶし代”が得られないため漏れの原因になります（**図3-5-2**）。新しいOリングの取り付け時はグリス（リチウムグリス）を塗り、挿入時の引っ掛かりを防ぎます（**図3-5-3**）。

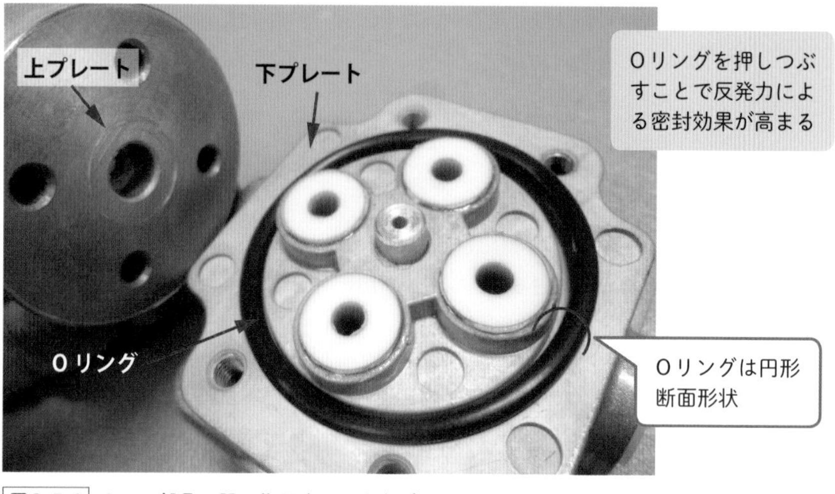
上プレート
下プレート
Oリングを押しつぶすことで反発力による密封効果が高まる
Oリング
Oリングは円形断面形状

図3-5-1 2つの部品の間に作用する反発力が重要

### Oリングを注文する

使用済みのOリングは形状が変形しているため、寸法を読み取ることができません。交換時は、断面円形の「太さ」（線径）と環の「内径」の2つの寸法サイズが重要です。

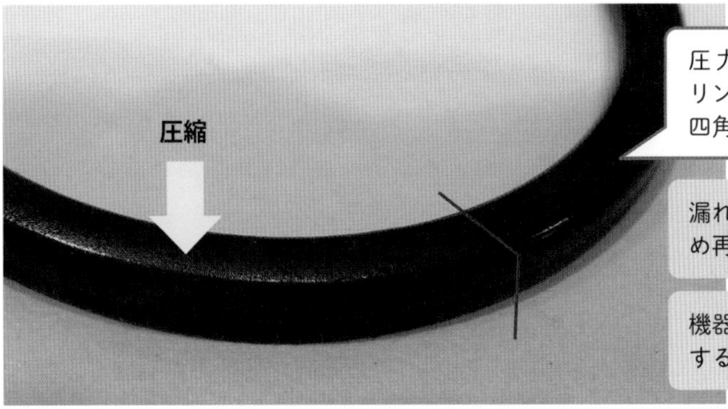
圧縮
圧力が作用したOリングは圧縮されて四角く変形
漏れの原因になるため再使用はしない
機器の形式から注文すると間違わない

図3-5-2　**使用後のOリングは断面形状が変形する**

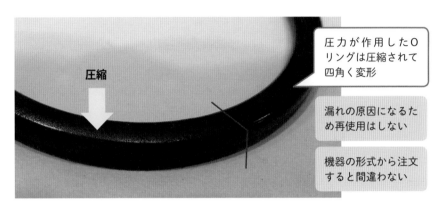

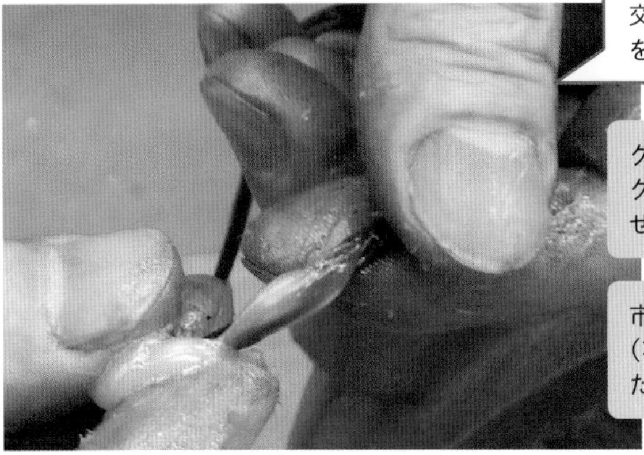
交換したOリングはグリスを塗って取り付ける
グリスを塗るときはOリングを無理に引っ張って変形させてはいけない
市販の潤滑剤にはシンナー（有機溶剤）が含まれているため使用は避ける

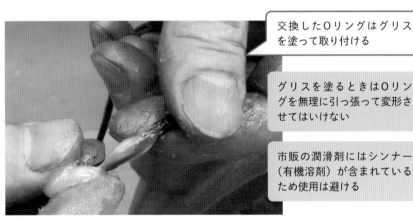

図3-5-3　**Oリングにグリスを塗って使用する**

**ここがポイント**

- 圧縮されたOリングは、断面が変形して再使用では漏れやすくなる
- バランスの良い締結力が得られなければ、短期間で漏れが発生する
- 取り付け時はグリスを塗布し、市販の潤滑剤の使用は避ける

## ②Oリングは取り付け状況によって軸方向からの圧力が作用する

### Oリングの“はみ出し”現象を確認する

液体などの圧力を受けると、Oリングは溝の片側に押しつけられて、密封機能が低下します（図3-5-4）。さらに圧力が高くなると、Oリングは溝の隙間から“はみ出し”て損傷するのです（図3-5-5）。

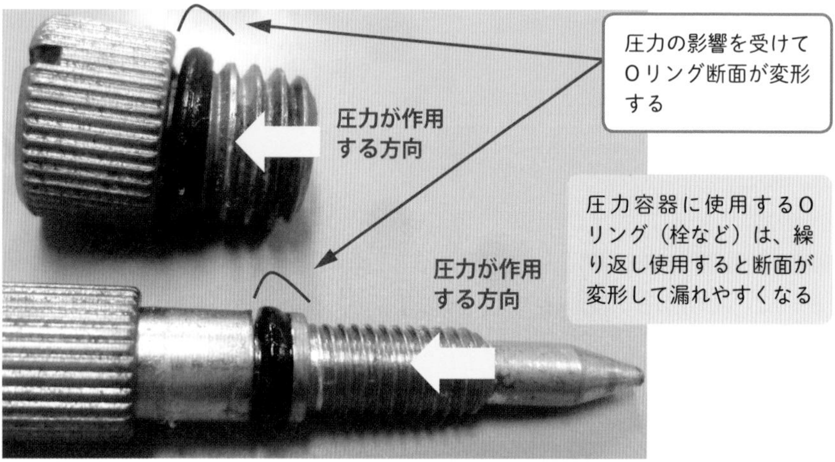

圧力の影響を受けて
Oリング断面が変形
する
圧力が作用
する方向
圧力容器に使用するO
リング（栓など）は、繰
り返し使用すると断面が
変形して漏れやすくなる
圧力が作用
する方向


図3-5-4　液体などの圧力を受けたOリングは断面が変形

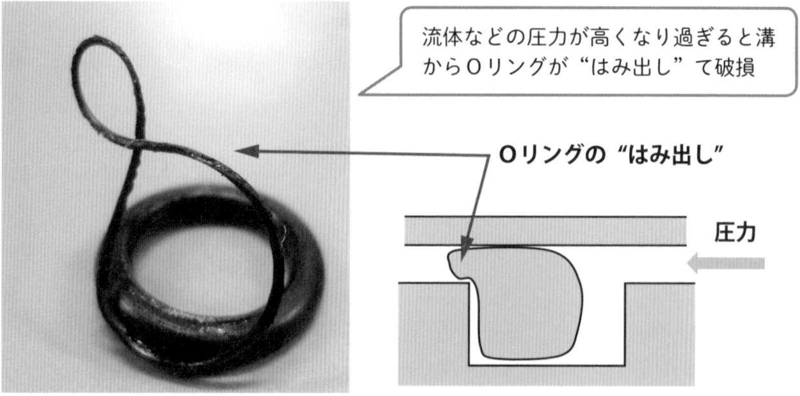

流体などの圧力が高くなり過ぎると溝
からOリングが“はみ出し”て破損
Oリングの“はみ出し”
圧力


図3-5-5　軸方向からの流体圧力を受けたOリングの損傷

### 圧力の作用するところにバックアップリングを使用する

高圧による“はみ出し”現象を防ぐためには、バックアップリングを併用すると効果的です（図3-5-6）。バックアップリングは、両方から圧力のかかる場合はOリングの両側に装着し、一方向からの圧力のかかる場合は圧力と反対側に1個装着します。特にOリングの交換時に、バックアップリングの取り付け方向を間違わないようにしましょう（図3-5-7）。

バックアップリング
Oリング
圧力が作用する方向
バックアップリングの装着でOリングの“はみ出し”を防ぐ

図3-5-6 圧力の作用するところにバックアップリングを使用

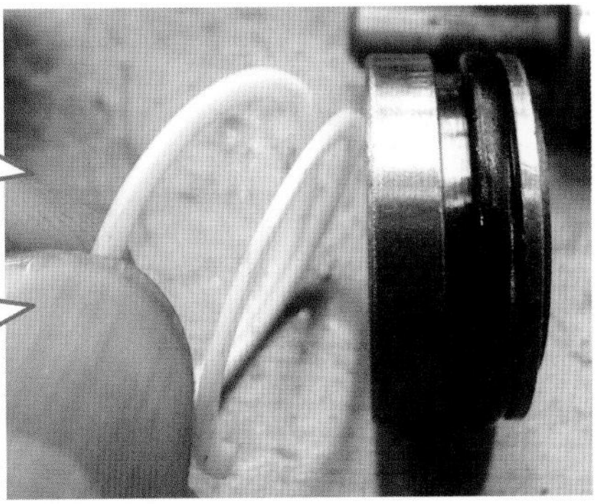
バックアップリングを無理に引き延ばしたりねじ曲げてはいけない
形状が変形すると、圧力が作用したときにOリングを支え切れない

図3-5-7 バックアップリングの変形を防ぐ

ここがポイント

- Oリングを取り外すときは専用工具を使用する
- バックアップリングは、Oリングの“はみ出し”を防ぎ耐圧性を向上させる
- Oリングを交換する際はバックアップリングの取り付け位置を確認する

# 3-6 漏れ出したガスケットは交換しなければ対策できない

機器の接合部分には、さまざまな封止材が使用されています。ここでガスケットの取り扱いや、取り付け面の違いについて確認します。

### ①接合部の封止材を知ろう

**図3-6-1**に液体を移送する給水ポンプを示します。部品交換などでガスケットを目にすることがありますが、似たような設備であっても使用される材質や厚さが異なります。

一般的にパッキンは、回転や往復など動く部分に適用されるものを指します（水筒や圧力鍋の蓋）。一方、ガスケットは動かない部分に適用されるものとされています。

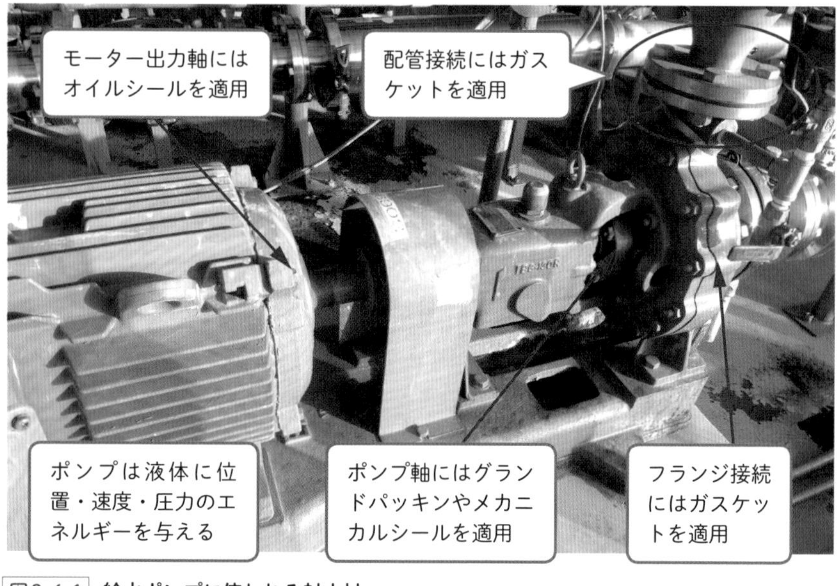

モーター出力軸にはオイルシールを適用
配管接続にはガスケットを適用
ポンプは液体に位置・速度・圧力のエネルギーを与える
ポンプ軸にはグランドパッキンやメカニカルシールを適用
フランジ接続にはガスケットを適用


図3-6-1　**給水ポンプに使われる封止材**

**②ガスケットは材料の弾性変形を利用する**

ガスケットは薄いシート状の材質を、2つの部品間に取り付けて漏れを防ぎます。**図3-6-2**にフランジを外した減速機を示します。ねじ穴部は、ガスケットの処理が悪いと漏れが発生します。また、厚みのあるガスケットを使用するときは、ひずみを逃がすようにボルトを締め込みます。

**図3-6-3**はスクレーパによるガスケット除去を示します。ガスケットリムーバー（薬品）を使用すると剥離が楽になり、座面へのキズ防止に役立ちます。

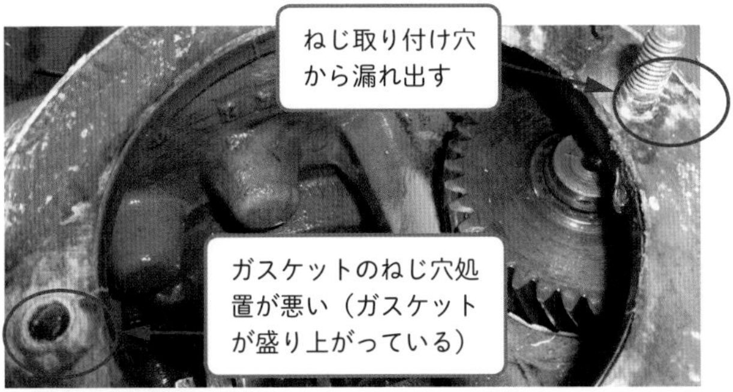
ねじ取り付け穴
から漏れ出す
ガスケットのねじ穴処
置が悪い（ガスケット
が盛り上がっている）

ひずみを逃がしながら均等に締める

図3-6-2　**接続部の漏れの位置を特定して分解**

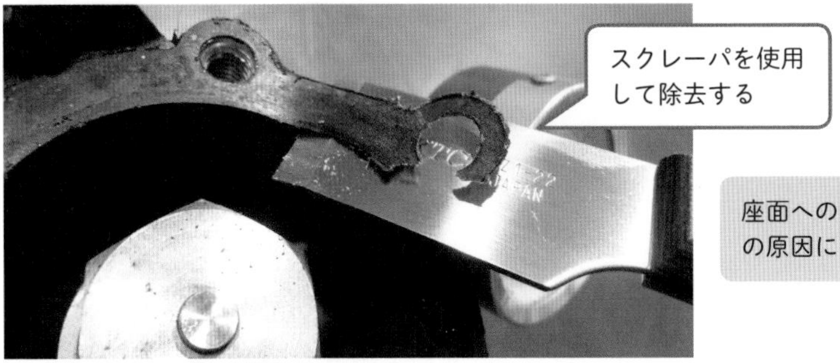
スクレーパを使用
して除去する

座面へのキズは漏れの原因になる

図3-6-3　**スクレーパを差し込み一度で剥離させる**

ここがポイント

- ガスケットの材質や厚さによって締め付け力が異なる
- ガスケットは同じ材質や厚さを選定して交換する
- スクレーパ使用時についた深いキズは漏れの原因につながる

### ③配管のフランジ形状によってガスケットに作用する力が変わる

### フランジ形状にはRFとFFの2種類ある

**図3-6-4**にポンプユニットの座面（RF）を示します。RF（Raised Face：レイズドフェイス）は内側に平らな座面を設けています。ボルトナットで締め付けた際に、狭い当たり面は面圧が高まり、内部流体が漏れにくくなります。特に、内部流体が危険物や高温流体の場合に利用されます。

注意点として、鋳鉄製のバルブが使われているところでは、ボルトの締め加減が悪いと割れます。漏れたところを安易に増し締めすると、かえって被害が大きくなるようです。

RF対してFF（Flat Face：フラットフェイス）は、ガスケットの座面を全面に仕上げたものを言います（**図3-6-5**）。全面をシールするため、シール面にかかる面圧はRFに比べると小さくなります。内部流体が危険性のない水や空気などの場合によく利用されます。

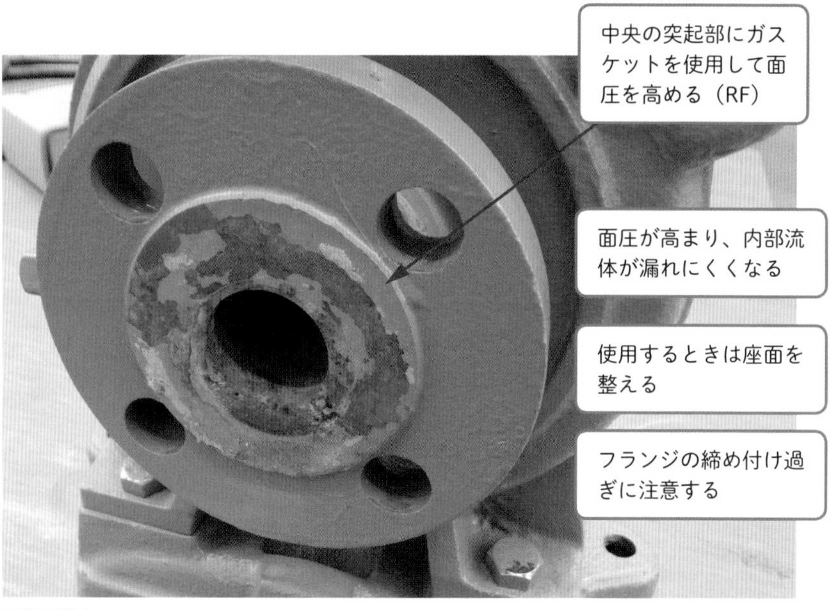
中央の突起部にガスケットを使用して面圧を高める（RF）
面圧が高まり、内部流体が漏れにくくなる
使用するときは座面を整える
フランジの締め付け過ぎに注意する

図3-6-4 **給水配管の錆びを除去して漏水を防ぐ（RF）**

### ガスケットは再使用できない

図3-6-6は取り付け穴を避けて、中央の部分に面圧が作用するようにガスケットが使用されています。

ガスケットは、経年劣化によって漏れが発生します。しかし、設備の外観からはガスケットの形式や材質などは判断できません。一時的に増し締めを行って対処しても、劣化したガスケットは交換が必要です。

ガスケットの劣化が進行して漏れが発生する
ガスケット座面の全面に厚みのあるガスケットを使用

図3-6-5 **全面にガスケットを配置（FF）**

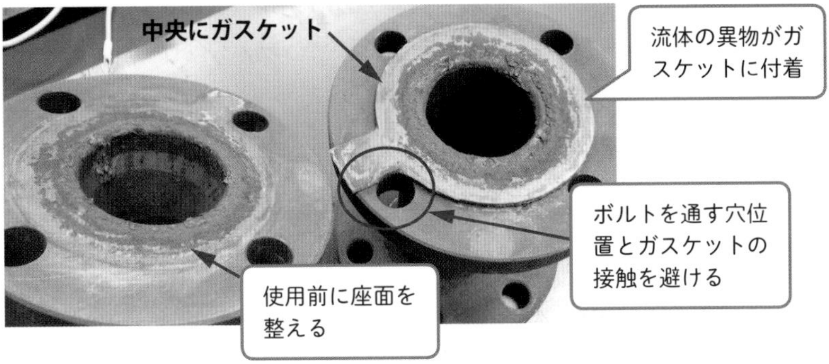
中央にガスケット
流体の異物がガスケットに付着
ボルトを通す穴位置とガスケットの接触を避ける
使用前に座面を整える

図3-6-6 **中央部にガスケットを配置して面圧を高める（FF）**

ここがポイント

- 外観からは座面状態や使用ガスケットがわかりにくい
- 漏れた箇所は増し締めでは完全に解決できない
- ガスケットを交換するときは座面を整える

# 3-7 回転軸を支えるオイルシールとグランドパッキン

回転する軸と接触しながら液漏れを防ぐシール（封止）に、オイルシールとグランドパッキンがあります。回転体の封止材の損傷は軸受寿命の低下にも影響します。それぞれの特徴と点検ポイントを確認します。

### ①オイルシールを損傷させる要因

### 回転しないオイルシールは軸芯のズレでリップを損傷させる

図3-7-1にオイルシールを示します。回転する軸にオイルシールのリップ部が接触し、内部漏れを防ぎます（オイルシールは回転しない）。特にモーターとポンプ軸の取り付けを行ったときは、軸芯ズレの影響を受けて漏れやすくなります。取り付け直後は漏れの様子を確認するとよいでしょう。

図3-7-2にオイルシールの断面を示します。オイルシールを交換する際は主・補助リップにグリスを塗布し、回転軸との接触摩耗を防ぎます。経年劣化などでオイルシールから油のにじみが見られた場合は、新品に交換します。

オイルシール
軸は回転するがオイルシールは固定されて回転しない
軸芯のズレは軸方向に負荷を発生させてオイルシールを損傷させる

図3-7-1 オイルシールからの漏れを点検

## 錆びはなぜ発生する？錆びの侵入を防ぐ！

回転軸の錆びやキズがついていると、オイルシールとの接触部（リップ）を摩耗させて油漏れが発生します（**図3-7-3**）。特に「もらい錆び」は錆びている部品からの飛沫などで、錆びが表面に移ります。錆びの発生源と錆びの侵入を防ぐことが鉄則です。

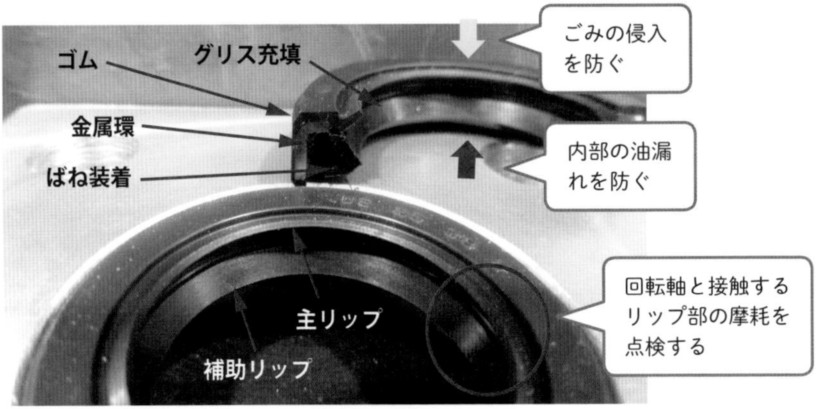
ゴム
グリス充填
金属環
ばね装着
ごみの侵入を防ぐ
内部の油漏れを防ぐ
主リップ
補助リップ
回転軸と接触するリップ部の摩耗を点検する

図3-7-2 **オイルシールを取り付ける向きを確認**

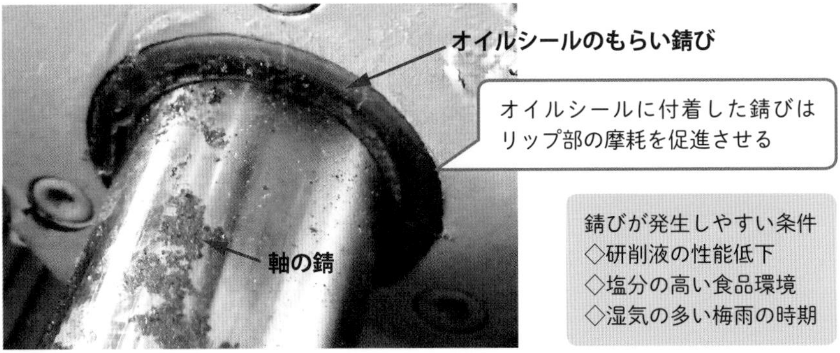
オイルシールのもらい錆び
オイルシールに付着した錆びはリップ部の摩耗を促進させる
軸の錆

錆びが発生しやすい条件
◇研削液の性能低下
◇塩分の高い食品環境
◇湿気の多い梅雨の時期

図3-7-3 **回転軸とオイルシールに付着した錆び**

ここがポイント
- 軸芯振れの影響を受けるとオイルシールの寿命は短くなる
- オイルシールの取り付け向きを確認する
- もらい錆びなどによるオイルシールの損傷を防ぐ

## ②オイルシールのリップの向きを使い分ける

軸受ユニットの一つに、上下割り形のプランマブロックがあります。ここで使用されるオイルシール（ZF形）はグリスや油の漏れ防止、ごみや土砂の侵入防止など、目的に応じてオイルシールのリップの向きを使い分けます（図3-7-4）。

一方、割り形はオイルシールを無理にはさみ込むと、漏れの原因になります。そのため、位置決めピンで上下の位置を合わせて、ズレを防ぎます。運転を開始して上下の合わせ面からの油漏れを点検します。

## ③ポンプのグランドパッキンの漏れ状態を確認しよう

ポンプ軸などに使用されるグランドパッキンも、回転軸から流体の漏れを防止するためのシール（封止）です。グランドパッキンは潤滑目的のために、常時ある程度の漏えいを起こさせます。そのためドレン配管が必要となり、ケーシングの腐食が一定量発生します（図3-7-5）。

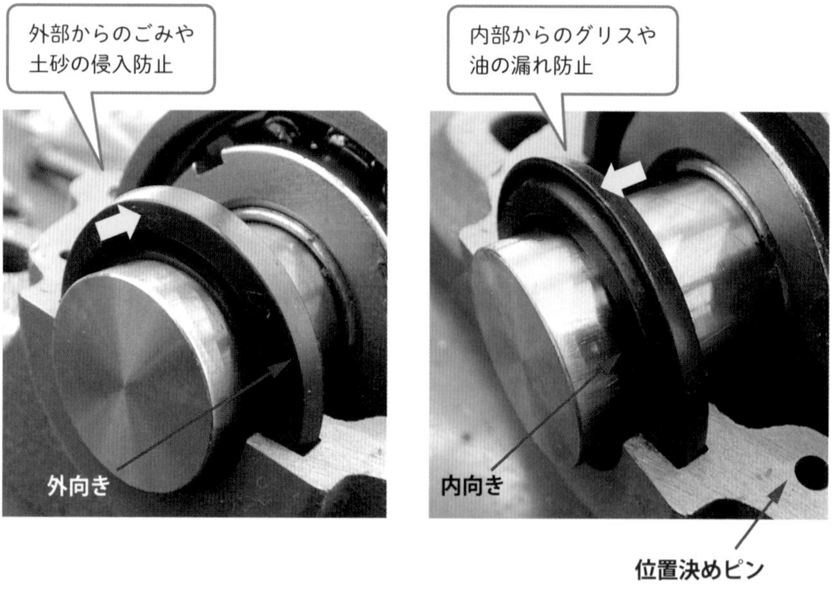
外部からのごみや
土砂の侵入防止
内部からのグリスや
油の漏れ防止
外向き
内向き
位置決めピン

図3-7-4 目的に応じてオイルシールの向きを変える

点検の際にまったく漏れていない場合は軸の焼付きが発生します。グランドパッキンを交換する際は、オーバーホールまで行うと費用や時間がかかります（図3-7-6）。そこで定期的に漏れ量を確認し、ライン停止を防ぎましょう。

ポンプの潤滑不具合
ポンプの漏れ調整が行われていないためポンプ本体の腐食が著しい

グランドパッキンからの漏れ量を調整して焼付きや主軸の摩耗を防ぐ

軸径、回転数、吐出量によって漏れ量が調整されるため管理がしにくい

最近はメカニカルシールへの変更が増えている

図3-7-5 **グランドパッキンの漏れ量管理が難所**

ポンプの分解
グランドパッキンの交換やオーバーホールまで行うと、費用・時間がかかる

図3-7-6 **軸摩耗が発生するとオーバーホールが伴う**

ここがポイント

- 上下割り形のプランマブロックは合わせ面からの漏れを点検する
- グランドパッキンからの漏れ量を点検してライン停止を防ぐ

Column 3

# 損傷が起きた場所によってライン停止は避けられない

プラント設備の液体や蒸気を扱う配管系統など、共用設備のことをユーティリティー設備と呼びます。ここで使用される配管継手や制御弁などは高温の蒸気などが送られるため、継手の緩みやガスケットからの漏れ、配管腐食などを点検することが必要です。

写真は、鋼配管と取り付けフランジ部からの漏れを示します。鋼配管は溶接接合されているため、腐食によって穴が開いている状況です。ユーティリティー設備であることから、簡単にラインを止めることはできません。これほどの被害が、なぜ発見できなかったのかと悔まれます。

現場にはとにかく数え切れないほどの継手があり、すべてを点検するのは大変でした。現場作業者からのガス漏れ報告（オンコール）を受けて、事後保全で対応せざるを得ない状況だったのです。少しの漏れであれば修復は可能です。何とかライン停止規模になる前に漏れを発見し、修繕計画を立てて進められるようにしたいものです。

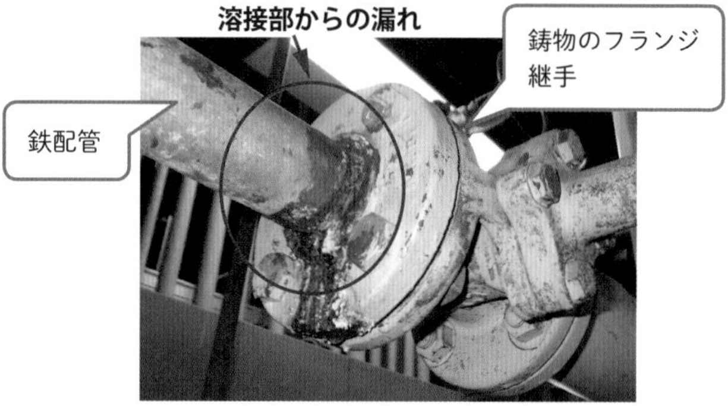
溶接部からの漏れ
鋳物のフランジ継手
鉄配管

異種金属との接合部を点検する

# 第4章

# 検出スイッチの接点寿命を低下させる要因を見つけよう

## 【電気機器の保全】

自動化システムは、電気接点の不具合やモーターの過負荷の影響を受けると停止します。その際、制御盤を開けたときには、復旧に必要な遮断器の取り扱いを知っておくことは必須です。

また、センサーやリミットスイッチなどの検出器は、配置場所や制御機器との連動について把握しておくことが欠かせません。特に電気的な接点による経年劣化のほか、取り付け方のわずかなズレによる故障が大半を占めます。リミットスイッチや接点切り替え調整方法の勘所を示します。

# 4-1 制御盤内部の劣化を早期に判断しよう

設備稼働中の突発停止を避けるためには、長年使用してきた制御機器に負荷をかけないことが大切です。制御盤内部の湿気や熱の影響による制御機器の損傷と対策について確認します。

### ①湿気や熱から制御機器の損傷を防ぐ

### ファンの稼働状況を確認しよう

図4-1-1に制御盤内部を示します。電気的接点は、湿気の影響を受けて溶着を起こします。湿度対策用のファンを設けて、湿度の高い空気が溜まりにくくなるように対策されています。

図4-1-2に熱交換用のファンを示します。作業環境によってフィルターの目詰まり状況は異なります。効率改善のために、埃を定期清掃で除去しましょう。

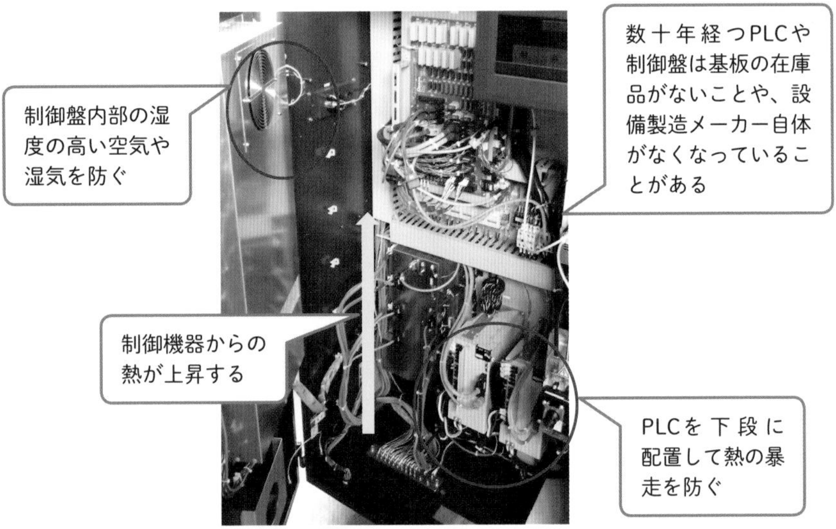

制御盤内部の湿度の高い空気や湿気を防ぐ
数十年経つPLCや制御盤は基板の在庫品がないことや、設備製造メーカー自体がなくなっていることがある
制御機器からの熱が上昇する
PLCを下段に配置して熱の暴走を防ぐ


図4-1-1 点検の怠りが生産ラインの停止につながる

## 制御盤内の劣化の兆候を見つける

**図4-1-3**に、制御盤内の配線状況を示します。他の配線に比べて三相誘導電動機の制御配線（UVW）が、過電流による負荷などの影響を受けて変色しています。

また、制御盤の鉄扉の劣化によって鉄粉（錆び）が堆積しています。電気接点の短絡（ショート）を避けるためにも、長年使用してきた制御盤内を清掃をしながら点検しましょう。

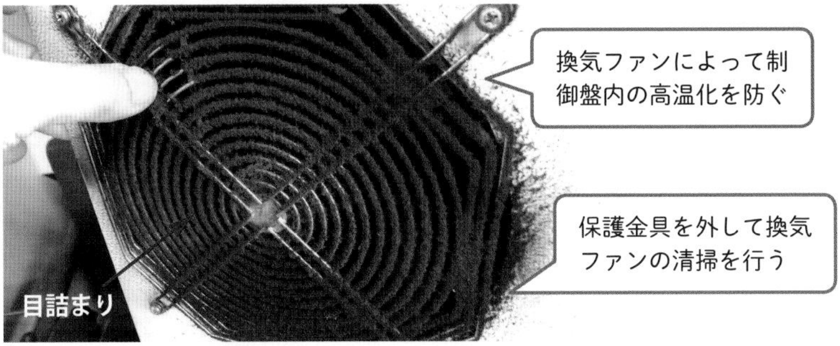
換気ファンによって制御盤内の高温化を防ぐ
保護金具を外して換気ファンの清掃を行う
目詰まり

図4-1-2 **堆積した埃を除去して換気効率を改善**

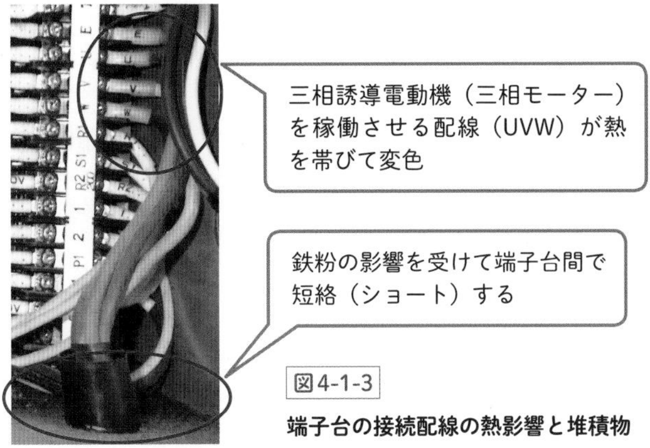
三相誘導電動機（三相モーター）を稼働させる配線（UVW）が熱を帯びて変色
鉄粉の影響を受けて端子台間で短絡（ショート）する

図4-1-3
**端子台の接続配線の熱影響と堆積物**

**ここがポイント**

- 制御盤内を点検する目的はPLCや電気電子部品の故障を防ぐため
- PLCは故障してからではプログラムの抽出は不可能
- 制御盤内の湿気や熱対策としてのファンの稼働状態を点検する

### ②電磁接触器のスパーク（放電）は劣化の兆候

### 電磁接触器の動きを確認しよう

図4-1-4に電磁接触器を示します。モーターのような大電流を流せる主接点（接点端子）と、制御回路（電磁リレー）を動かす小電流用の補助接点（コイル端子）から構成されます。

電磁コイルに電気が流れると磁石（励磁）になり、可動鉄心が固定鉄心に引き寄せられて電気が1次側から2次側に流れます。接点の摩耗が進行すると、うなり音（ジィージィー）が聞こえます。また、過電流により接点が溶着すると、通電（励磁）されたままになります（通電が切り替わらない）。

このようなときは、上流側の遮断器（ブレーカー）を落とします（切り替えレバーOFF）。再び遮断器（ブレーカー）を通電させて（切り替えレバーON）、電磁接触器の中央の黒い部分（へそ）が復帰できるか確認します。切り替わりができないときは寿命で、形式を確認して交換が必要です。

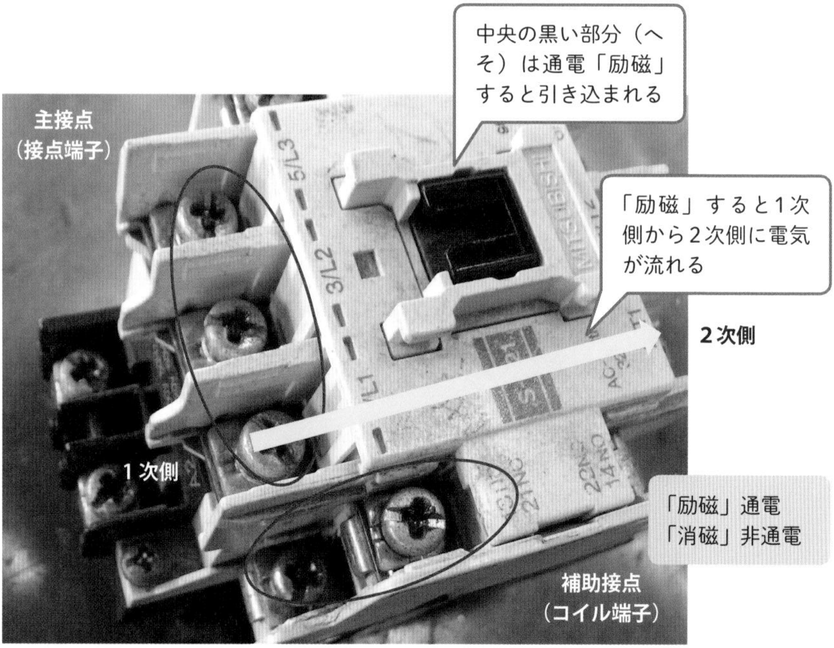
中央の黒い部分（へそ）は通電「励磁」すると引き込まれる
主接点
（接点端子）
「励磁」すると1次側から2次側に電気が流れる
2次側
1次側
「励磁」通電
「消磁」非通電
補助接点
（コイル端子）

図4-1-4 電磁接触器に溜まった鉄粉は接点摩耗を示す

## 電磁接触器は接点摩耗によってスパーク（放電）する

動作回数が多い電磁接触機器は、接点が切り替わるときに（通電/非通電）スパーク（放電）することがあります（図4-1-5）。これは接点が摩耗している証拠です。

図4-1-6に固定接点の摩耗状態を示します。接点は切り替わると熱を帯びるため、徐々に摩耗します（機器の寿命）。制御盤内に接続されている他の機器も損傷状態を点検しましょう。

可動接点
制御盤内や機器の可動部などに鉄粉が溜まっていれば、切り替え接点の摩耗を疑う
固定接点

図4-1-5　接点からのスパーク（放電）は通電不良を引き起こす

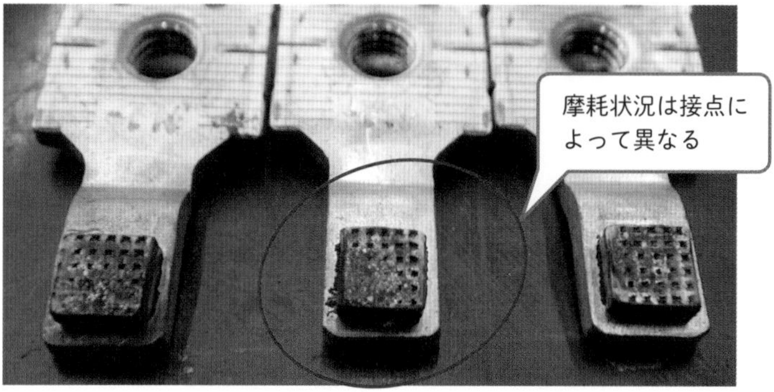
摩耗状況は接点によって異なる

図4-1-6　スパーク（放電）が発生した固定接点の損傷状態

ここがポイント

- 電磁接触器は稼働部の接点摩耗によって溶着することがある
- 異音や発熱があれば電磁接触器を交換する

# 4-2 感電や火災につながる漏電を防ぐ

漏電遮断器が落ちても過電流、短絡、漏電など原因はわかりません。そこで、漏電遮断器の復帰方法と漏電が発生しやすい部位を探ります。

## ①設備稼働中に漏電遮断器が落ちたらどうするか

### 漏電遮断器の設置場所を確認しよう

図4-2-1に漏電遮断器を示します。設備が稼働中は切り替えレバー「ON」の状態で、1次側から2次側の制御ラインに電気が流れます（通電）。漏電遮断器は、2次側が漏電（電気が漏れる）すると電路を遮断し、1次側を保護します。設備稼働中に絶縁物の劣化などで電気が金属ケースなどに流れると（漏れる）、漏電遮断器が働くのです。

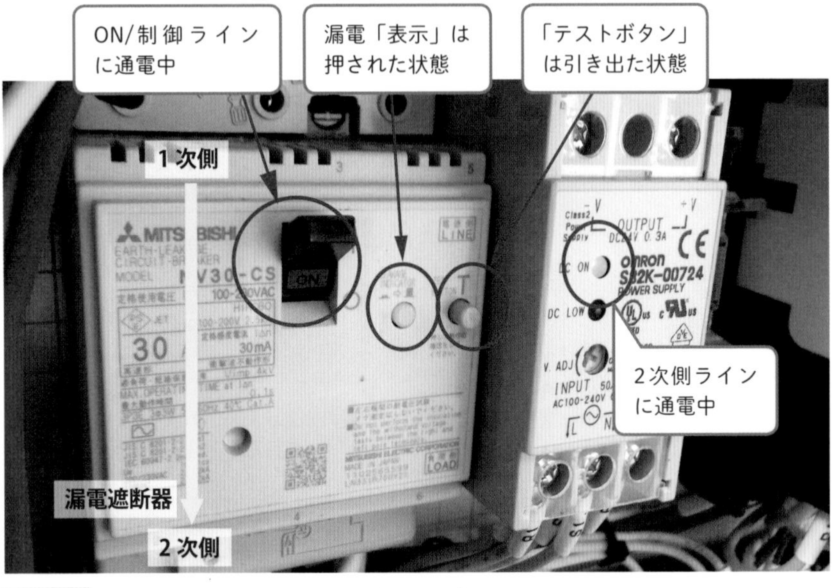


図4-2-1 漏電遮断器の設置場所を確認（通電状態）

### 漏電の発生は「表示」ボタンが決め手

図4-2-2に漏電状態を示します。漏電が起きると（電気が漏れる）、漏電遮断器が突然落ちて（OFF）設備が停止します。このとき、漏電「表示」ボタンの飛び出しで判断できます。

注意点は、すぐに漏電遮断器を復旧しないことです。これにより、設備自体の故障などにつながることがあります。漏電原因を確かめた後に復旧動作を行います（図4-2-3）。

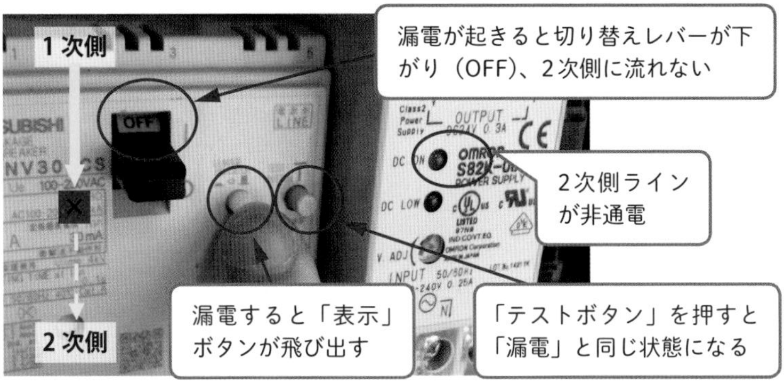
1次側
2次側
漏電が起きると切り替えレバーが下がり（OFF）、2次側に流れない
2次側ラインが非通電
漏電すると「表示」ボタンが飛び出す
「テストボタン」を押すと「漏電」と同じ状態になる

図4-2-2　漏電により2次側に電路が遮断された状態

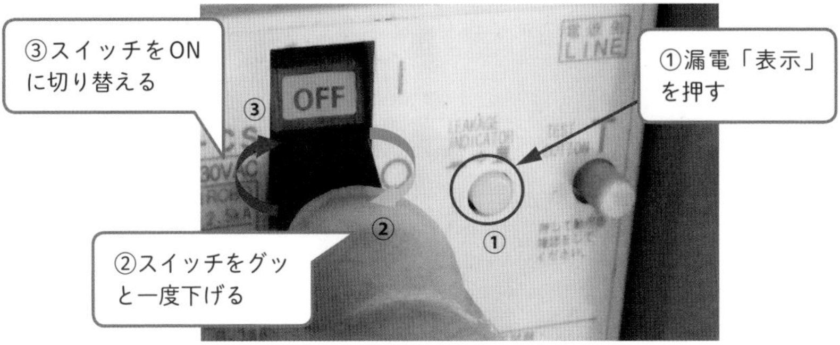
③スイッチをONに切り替える
①漏電「表示」を押す
②スイッチをグッと一度下げる
OFF

図4-2-3　漏電遮断器の復旧方法

**ここがポイント**

- 漏電が発生すると切り替えレバーは下がり、（OFF）漏電「表示」ボタンが飛び出す
- 漏電遮断器の働きを確認するために「テストボタン」がある

## ②漏電が発生しやすい配線系統を探ろう

工作機械を使用する環境は、切削油や切りくずなどの飛沫が発生します。一部の制御機器は、これらを避けるために機械設備の下層部に配置されます。しかし、加工中の切削油などが侵入すると、漏電を引き起こします（**図4-2-4**）。

配線などには被膜などで「絶縁」処理が施されますが、端子を取り付ける接点（ねじ部）は危険です。切削油の侵入経路を点検して、漏電が起きにくい配置などを検討するとよいでしょう。

**図4-2-5**は錆びに覆われたモーターを示します。湿気（塗装や薬品）や粉塵（溶接や鋳物）、塩害（食品）が発生しやすい作業現場では、制御機器が影響を受けて機能停止につながります。**図4-2-6**にモーター端子BOX内部を示します。端子に付着した異物（埃や塩害による腐食）により、漏電が発生しやすい状態になります。錆びがひどくなると、ねじが固着して配線の交換ができなくなります。

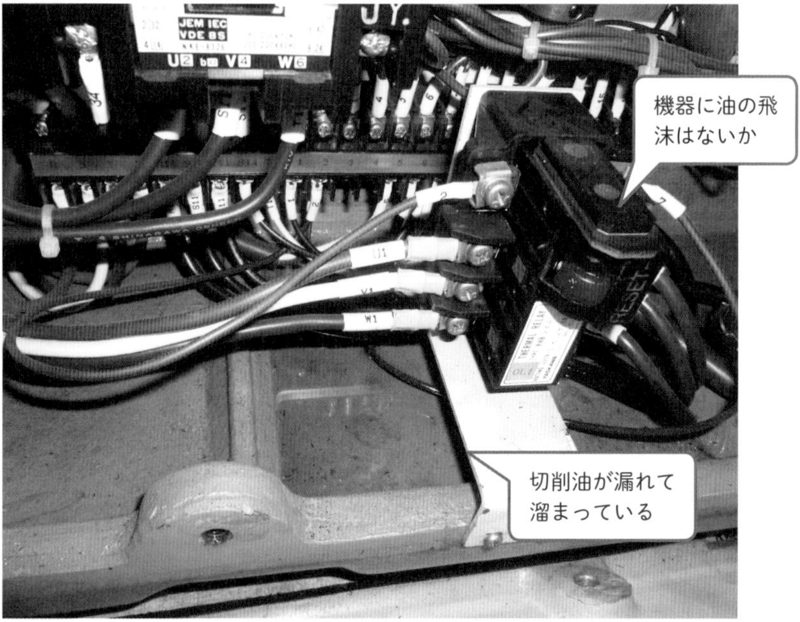
機器に油の飛沫はないか
切削油が漏れて溜まっている

図4-2-4　**下層部に配置された制御機器**

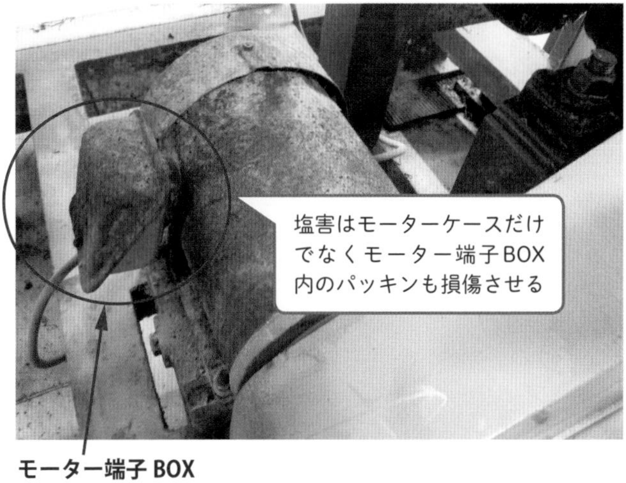
塩害はモーターケースだけでなくモーター端子BOX内のパッキンも損傷させる
モーター端子 BOX

図4-2-5 塩害（食品）を受けたモーターは錆びが進行

埃は湿気を帯びて金属を錆びさせる

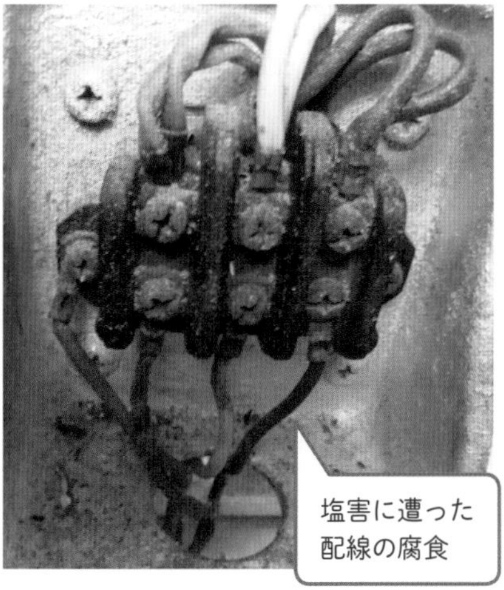
塩害に遭った配線の腐食

図4-2-6 モーター端子BOX内部の配線が劣化して漏電が発生

ここがポイント

- モーターの外観に埃や錆びが発生したときはモーター端子BOX内を点検する
- 切削加工では切削油（オイルミスト）による絶縁劣化が発生する

# 4-3 モーターを過電流から保護する電磁開閉器の働き

制御盤内部にはモーターが過負荷で損傷しないように、熱動継電器（サーマルリレー）が取り付けられています。熱動継電器の働きとモーターに負荷が作用するポイントを確認します。

## ①電磁開閉器は電磁接触器と熱動継電器の組み合わせ

### 電磁開閉器の働きを知ろう

**図4-3-1**にモーターを保護する電磁開閉器（㋑電磁接触器＋㋺熱動継電器）を示します。特に㋺熱動継電器には「①電流値設定」がされているため、作業者が勝手に調整するのは厳禁です。モーターに作用する過負荷（過電流）ができなくなり、モーターの損傷に至ります。

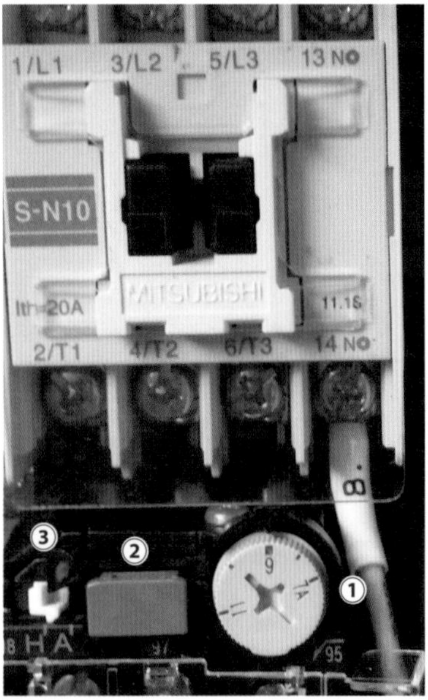


電流値設定①：モーターに流れる電流値から熱動継電器の電流値を設定する　一般的な3相モーターの電流値の計算方法は電流値（A）＝モーター出力／√3／電圧／力率／効率 から算出される

リセットボタン②：熱動継電器が作動すると青いボタンが上（天）に出る／リセットしたい場合は青いボタンを押す

トリップボタン③：モーターが回っているときに押すとモーターが停止する

㋑電磁接触器（MCマグネットコンタクター）
㋺熱動継電器（THRサーマルリレー）
㋑＋㋺電磁開閉器（MSマグネットスイッチ）

図4-3-1 モーターを保護する電磁開閉器の構成

### 過電流が発生するとバイメタルが動く

**図4-3-2**に熱動継電器の働きを示します。モーター稼働中に、過負荷状態になると過電流が流れます。過電流が「①電流値設定」を超えると、バイメタル（熱膨張率が違う金属を張り合わせた板）が熱の力で動作します（通電OFF）。そして、㋑電磁接触器が遮断されてモーターを保護します。

### モーターを駆動させる

モーターの動作不具合となる原因を解除してから、モーターを再駆動させます。再駆動の際には②リセットボタンを押します。また、③トリップボタンが飛び出した状態でモーターを駆動させることが必要です。

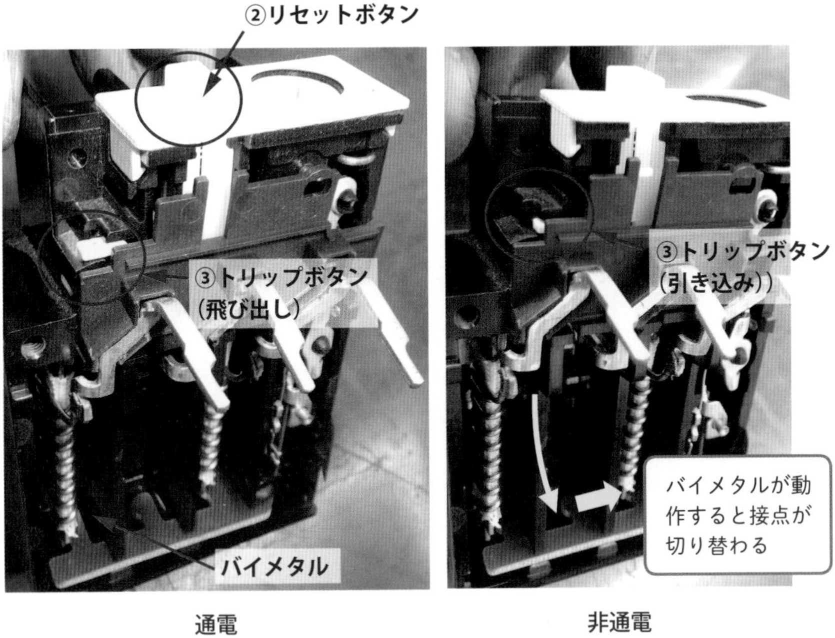
②リセットボタン
③トリップボタン
（飛び出し）
バイメタル
③トリップボタン
（引き込み））
バイメタルが動作すると接点が切り替わる
通電
非通電

図4-3-2 熱動継電器が働いてモーターを保護する

**ここがポイント**

- 電流値設定を変更してはいけない
- トリップボタンは触れられないように側面に配置している機種がある
- モーターがトリップした原因を取り除かないと再発する

## ②モーターが回らない現象は過負荷（過電流）が占める

### 回転と停止を繰り返すモーターはまったく動かなくなる

モーターが回らない現象として、チェーンやベルト伝達部での引っ掛かりや、製品の詰まりなどがあります。熱動継電器が作用してモーターが停止したときは、根本の原因を特定して改善を行わないと頻繁にトリップを起こします。

**図4-3-3**に、モーター後部の冷却ファンに切りくずが堆積した状態を示します。保護カバーを取り外さない限り、切りくずは排出できません。また、ファンが摩耗や損傷を起こすと回転振れ（アンバランス）が発生して、軸受の寿命を低下させます。切りくず除去を定期検査に追加し、モーターの突発的な故障を防ぐことが重要です。

### 研削液吸い込みポンプの停止

**図4-3-4**に吸い込みポンプを示します。研削液タンク内がヘドロ化して、吸い込みポンプが停止しました。

**図4-3-5**は撹拌羽根に詰まった異物の状態を示します。特に、モーターの過負荷による熱は軸受（ベアリング）の寿命を縮めます。

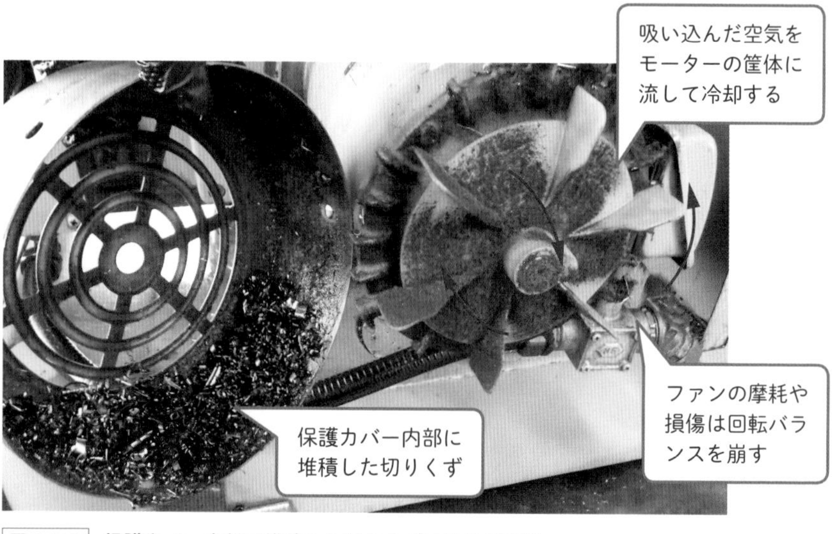
吸い込んだ空気をモーターの筐体に流して冷却する
ファンの摩耗や損傷は回転バランスを崩す
保護カバー内部に堆積した切りくず

図4-3-3　保護カバー内部に堆積した切りくずは排出が困難

研削液タンク内がヘドロ化して異臭を放つ
研削液タンク内を清掃して改善を試みる

図4-3-4 **夏場は暑さで研削液が劣化（腐敗）**

撹拌羽根に異物が詰まって固着

循環される研削液の劣化状態を点検する

図4-3-5 **吸い込みポンプの分解清掃**

ここがポイント

- 過去にモーターが過負荷で停止したラインを再点検し、原因を排除する
- モーターの冷却ファン詰まりや研削液のヘドロ化も回転停止につながる

# 4-4 自動化に欠かせないセンサーの働きを知ろう

自動化システムの位置検出などのセンサーはPLCと連動しているため、1カ所でも検出エラーが起きるとシステムが停止します。検出器の特性や適正な配線の取り回しを確認しておくことが大切です。

### ①光電センサーは投光器と受光器が備わっている

**図4-4-1**に、スライドテーブルの位置検出を行う透過形光電センサーを示します。コの字形に配置された投光器と受光器の間隔に検出板が通過すると、投光器からの「光量」が遮断されて出力信号を出します。故障原因には、①投・受光器の間に異物混入、②検出板の接触によるレンズの損傷、③経年劣化による光量の低下などが挙げられます。

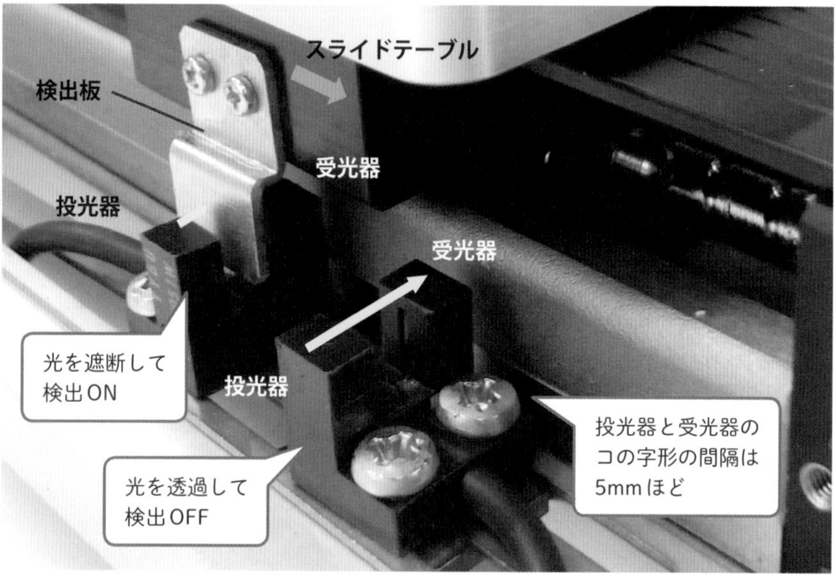


図4-4-1 **透過形光電センサーは投光器からの光量を受光器で検出**

## ②ファイバーセンサーは光電センサーの光源に光ファイバーを連結する

**図4-4-2**にファイバーセンサーを示します。センサーヘッド先端の小型化により、狭い場所への設置や微小物体の検出に有効です。

光ファイバーは細いガラス管内に光を通すため、局所曲げによって内部に損傷を起こすと信号が減衰します。特に光の減衰を防ぐため、長さを調整するには専用カッターを使用し、ガラス管を切断します（**図4-4-3**）。

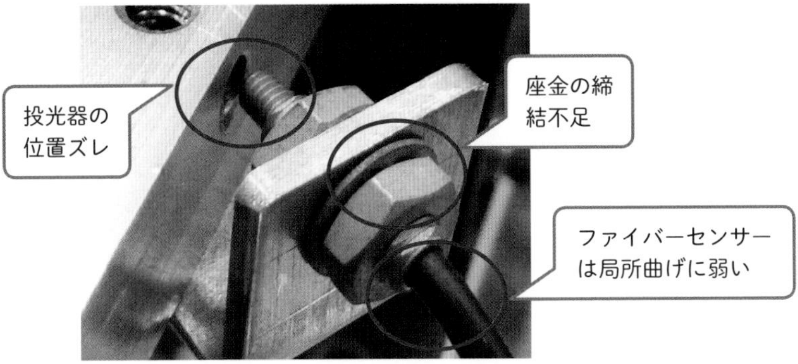
投光器の
位置ズレ
座金の締
結不足
ファイバーセンサー
は局所曲げに弱い

図4-4-2　**ファイバーセンサーは細いガラス管内に光を通す**

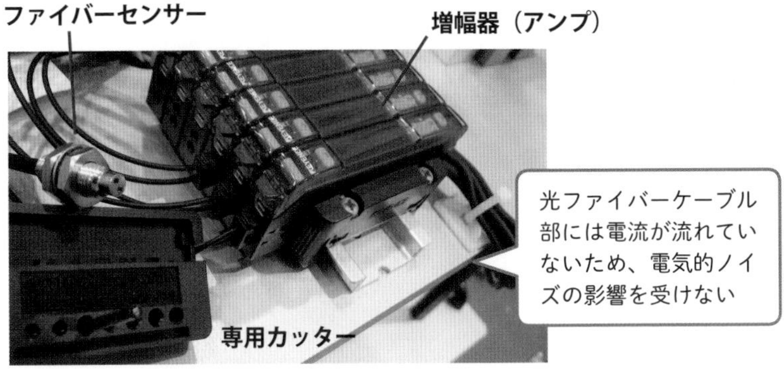
ファイバーセンサー
増幅器（アンプ）
光ファイバーケーブル
部には電流が流れてい
ないため、電気的ノイ
ズの影響を受けない
専用カッター

図4-4-3　**ファイバーセンサーには光の増幅器が必要**

**ここがポイント**

- センサーの種類によっては取り扱い方法が異なる
- 投光器と受光器の距離が長いほど位置合わせは難しい
- ファイバーセンサーの専用カッターは1穴1回の使用とする

### ③交換前にセンサーに要求される性能を確認する

**現有機器が必ず入手できるとは限らない**

長年使用してきたセンサーも、環境ストレス（高温・振動・衝撃・電源ノイズなど）の影響を受けて交換が必要になります。しかし制御機器によっては、同機種が製造中止などで入手できないことがあります。そのため現有機器の特性を確認して、機能を満足する機種を選定すべきです。

**図4-4-4**に磁気近接センサーを用いて、3つの回転カムの角度位置を検出するシステムを示します。現有機器は磁気近接センサーが使用され、実際の検出距離とカタログ値を確認します。

検出距離はセンサーの表面積で決まり、磁気（金属）を検出します（非磁性金属では検出距離が低下）。特に配線の取り回し方は大切です。モーターなどの動力線を避けることで、ノイズによる誤検出や機器の損傷を防ぎます。また、方向を揃えてループ処理を施します。

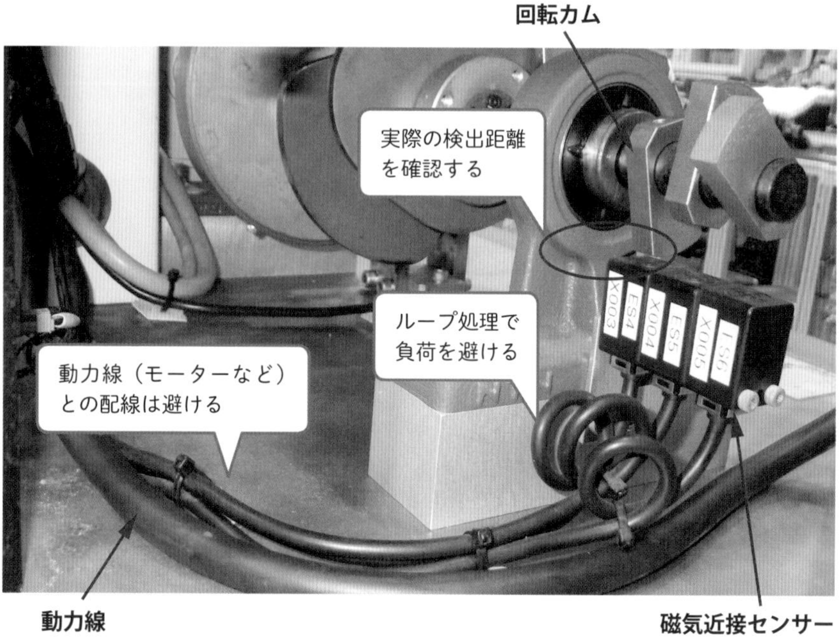


図4-4-4 **センサーの機能を確認して同等品を入手する**

## PLCの配線状況とバッテリーの劣化を確認する

センサーやスイッチは、PLCの入力信号（X接点）に接続されます（図4-4-5）。複数のセンサーを一度に交換するときは、接続先を確認しておきます。

PLCは周囲環境により耐用年数（10年程度）以内でも故障が起きます。特にバッテリーの寿命低下は致命傷です。「BAT」ランプの点灯は即交換です。高経年化した設備は、センサーの検出接点の記録とプログラムのバックアップが欠かせません。

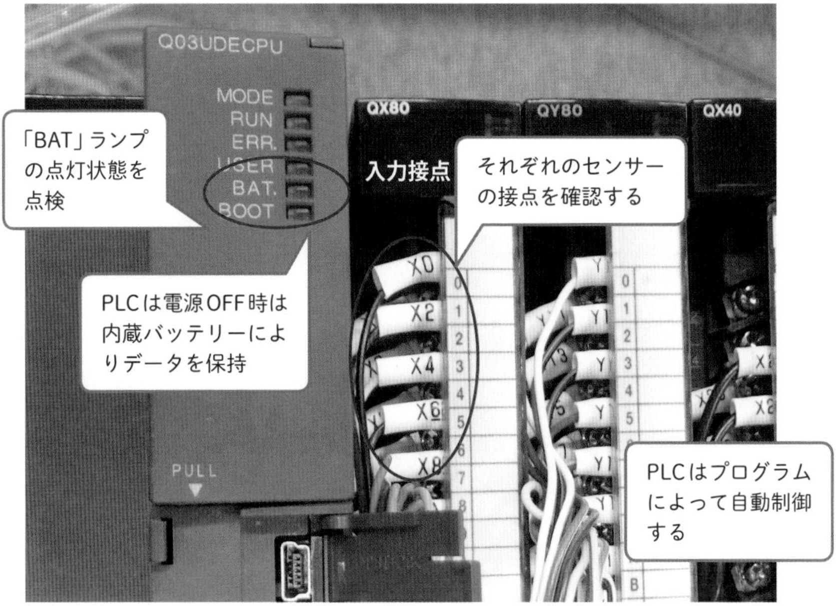


図4-4-5 バッテリーの劣化はPLCのプログラムデータを復旧できない

**ここがポイント**

- 環境ストレスを受けると誤動作やセンサーの損傷につながる
- センサーの検出接点の記録とプログラムのバックアップを確認する

# 4-5 センサーの種類による検出エラーを知る

センサーの検出方法を知ると、実は検出エラーの発生の仕方がわかります。検出器の特徴を把握して誤検出や調整方法を確認しましょう。

## ①検出エラーの原因を紐解く

**図4-5-1**は透過形光電センサーを用いた搬送工程を示します。部品を取り除くときにセンサー取り付け金具に触れると、センサーの検出位置がずれます。投光器と受光器は距離を長くできる反面、位置ズレによって光量の検出ができなくなります。

**図4-5-2**は回帰反射形センサーを用いた搬送工程を示します。このセンサーは、投受光器からの光量をリフレクター（反射板）で反射します。鉄板が通過すると光量が遮断されて、検出信号を出します（ON）。

検出エラーとして、ローラーのゴムが劣化して投受光器に堆積します。すると鉄板がなくても光量が遮断され、検出信号を出してしまいます（誤検出ON）。そこで、投受光器の検出面の清掃とローラーの劣化を点検します。

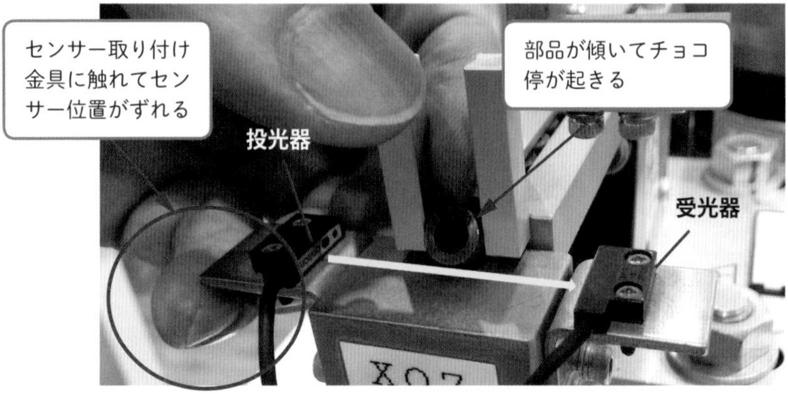


図4-5-1　センサー取り付け金具への接触が検出エラーにつながる

図4-5-3は液面の変化を検出するフロート式センサーを示します。フロート内部の磁石がステム内のリードスイッチの高さに達すると、検知信号を出力します。検出エラーとして、液内（タンク）の異物がステムとフロートの隙間に入り込むと、フロートが引っ掛かって動きが悪くなります。その間に液面（水位）が上昇してあふれてしまいます。したがって、定期的に液内（タンク）とセンサーの異物除去が必要です。

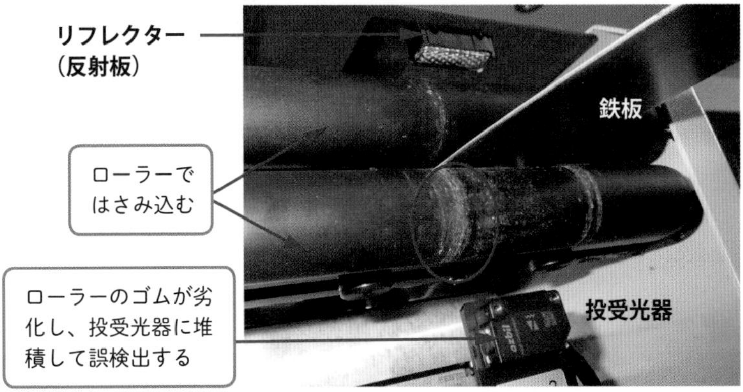
リフレクター
（反射板）
鉄板
ローラーで
はさみ込む
ローラーのゴムが劣
化し、投受光器に堆
積して誤検出する
投受光器

図4-5-2 回帰反射形センサーは検出面の異物の付着を点検

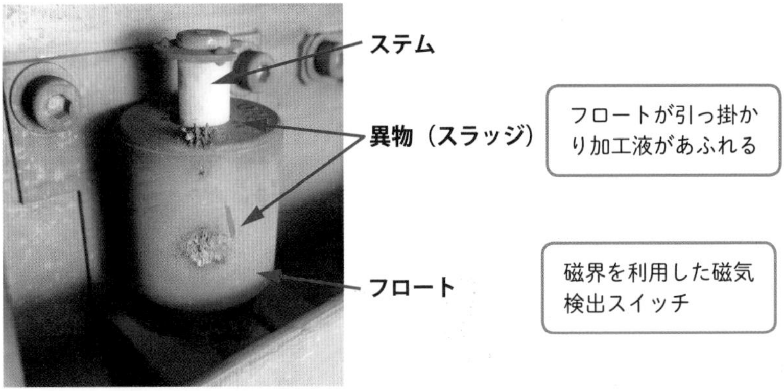
ステム
異物（スラッジ）
フロートが引っ掛か
り加工液があふれる
フロート
磁界を利用した磁気
検出スイッチ

図4-5-3 液内（タンク）清掃とフロートの動きを点検する

ここがポイント
・センサーの検出特性を理解することで検出エラーを特定できる

### ②清掃点検や調整時に検出エラーを発生させる

**図4-5-4**に誘導式近接センサーを示します。検出器から高周波磁界を発生させて近づいた物体（金属）を検出するため、研削液や異物が飛沫する環境でも使用可能です。検出面に異物（錆び）が堆積すると検出エラーが発生するため、検出面の清浄を行います。このとき、センサーの取り付け位置のズレに注意しましょう。

**図4-5-5**はセンサーの取り付け位置（長孔）を変えると、周囲金属との距離が変化して検出エラーが発生する様子です。センサー検出ランプを確認しながら、取り付け位置合わせを行います。

**図4-5-6**は、システム内に配置したセンサーが、錆びの影響を受けて損傷した状態を示します。台座（センサー取り付け台）が腐食してひずみが発生すると、センサーも同様にひずみを受けて損傷します。自動運転などでセンサーの検出が不安定な場合は、センサー取り付け台座のひずみや変形など修正してから交換を行うとよいでしょう。

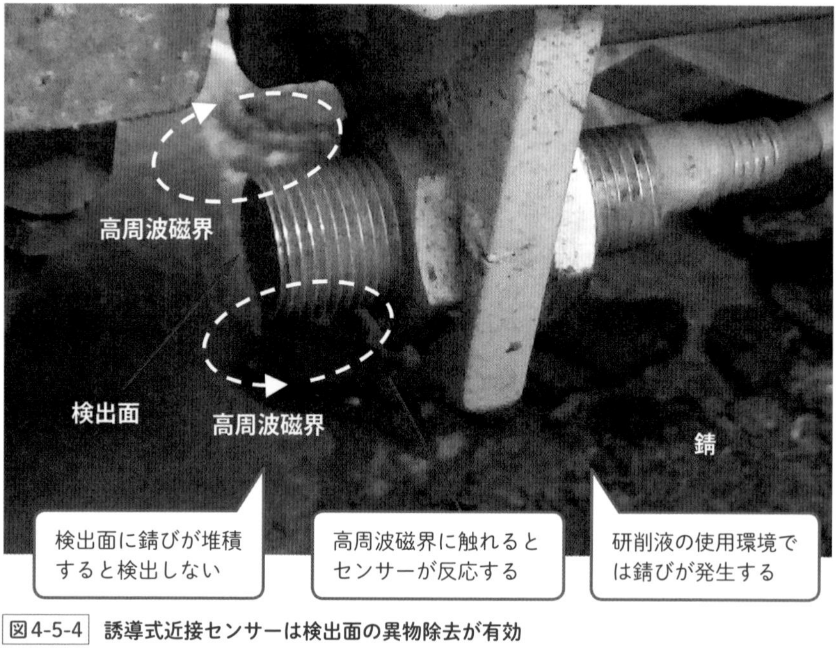
高周波磁界
検出面
高周波磁界
錆
検出面に錆びが堆積すると検出しない
高周波磁界に触れるとセンサーが反応する
研削液の使用環境では錆びが発生する

図4-5-4　誘導式近接センサーは検出面の異物除去が有効

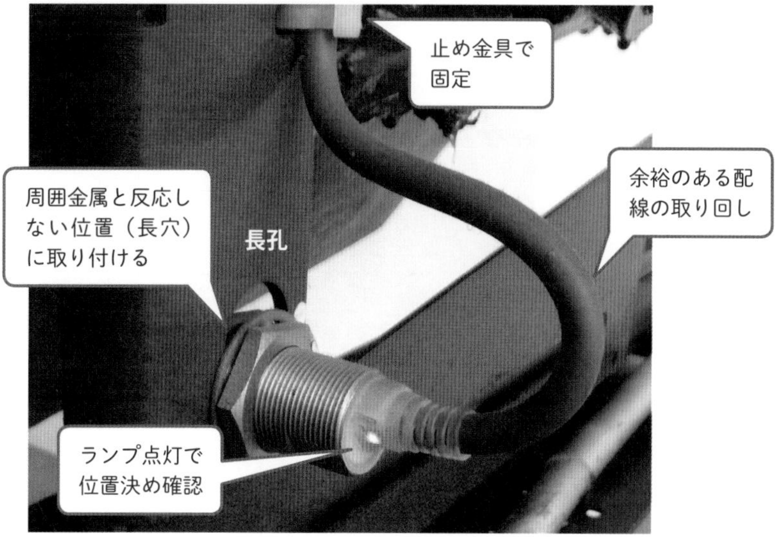
止め金具で
固定
余裕のある配
線の取り回し
周囲金属と反応し
ない位置（長穴）
に取り付ける
長孔
ランプ点灯で
位置決め確認

図4-5-5　**周囲金属との距離が近いと検出誤差を招く**

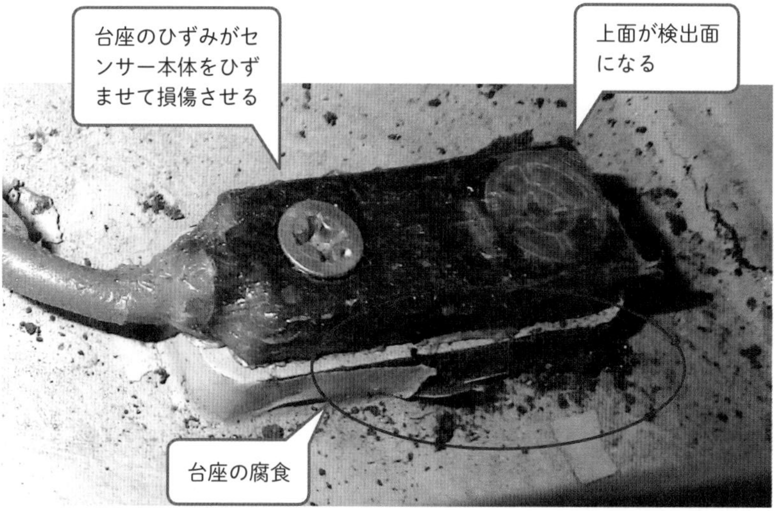
台座のひずみがセ
ンサー本体をひず
ませて損傷させる
上面が検出面
になる
台座の腐食

図4-5-6　**センサー取り付け台（台座）の腐食によるセンサーの損傷**

ここがポイント

- 研削液を使用する設備は錆びの影響を受けやすい
- センサーを交換するときは腐食した台座の平面を整える

# 4-6 機械式リミットスイッチの接点寿命を低下させる要因

機械式リミットスイッチは、光電式センサーのように投・受光器がありません。室外や埃の影響を受けやすい環境に適応できる一方で、接点可動部に繰り返し負荷を受けるため、取り付け方の悪さが故障に影響するのです。そこで、接点の合わせ方と損傷原因を確認します。

### ①レバー形リミットスイッチの取り扱いと損傷原因

### ドッグはローラーに当てること

図4-6-1にローラー・レバー形リミットスイッチを示します。スライドテーブルに取り付けたドッグ（切り替え）がローラーに接触し、レバーが支点から回転し始めます。レバーは規定角度に達すると内部のスイッチが切り替わり、出力信号を出してスライドテーブルが停止します。剛性の高いレバー形は工作機械などで多用されます。

注意点はドッグがレバーに接触すると、曲がりや損傷を起こします。ドッグは必ず先端ローラーに接触させることが肝要です。

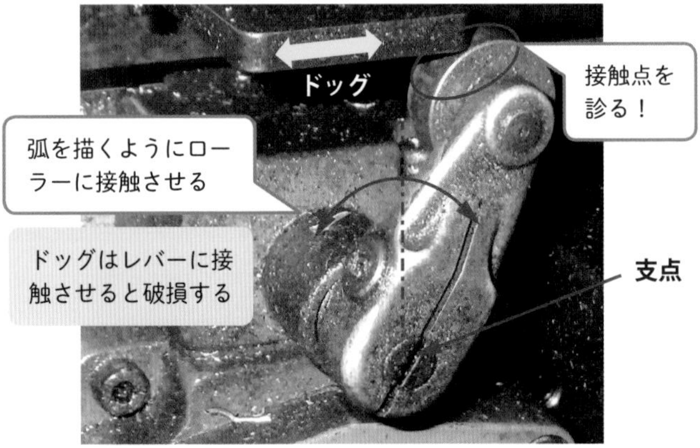
ドッグ
接触点を診る！
弧を描くようにローラーに接触させる
ドッグはレバーに接触させると破損する
支点

図4-6-1 ドッグは円弧を描くようにローラーに接触させる

## ヒンジ・ローラー・レバー形リミットスイッチの取り扱いと損傷原因

図4-6-2はヒンジ・ローラー・レバー形リミットスイッチを示します。剛性の高いレバー形と比較すると、ヒンジ形は薄板形状のため、軽い力で接点を切り替えることができます。

図4-6-3はリミットスイッチの可動片（可動ばね）の破断状態を示します。破断を起こすと、常時通電状態（ON）に切り替わってしまいます。

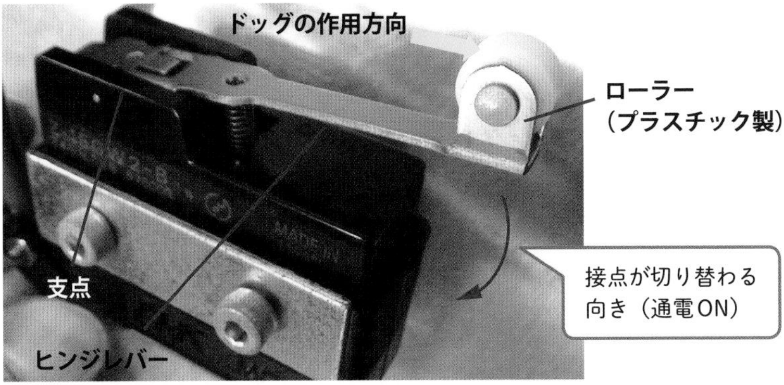


図4-6-2　軽い力で接点が切り替わる

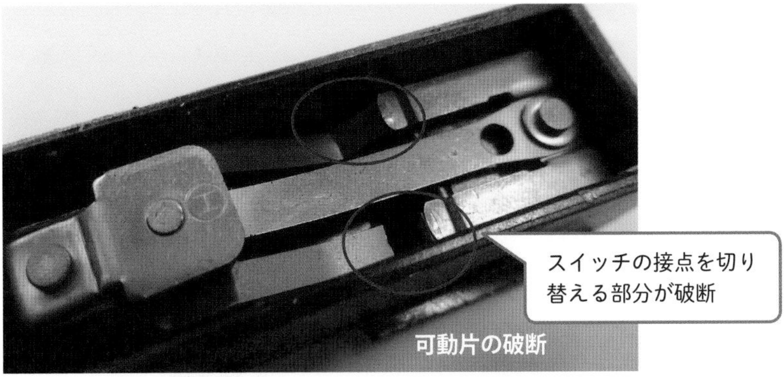


図4-6-3　可動片が破断し常時通電状態（ON）に切り替わる

ここがポイント

- ドッグの接触が悪いとリミットスイッチを損傷させる
- 切り替え動作に伴い接点が破断する

### ②取り付け方の間違いは機器を損傷させる

図4-6-4は直動レールの位置決めを示します。配線の取り回しを優先させたことで、リミットスイッチのローラーが逆向き（反らせる方向）に取り付けられています。これでは、ドッグがローラーに接触したときに変形を起こします。取り付けの向きを再検討すべきです。

図4-6-5はヒンジレバーの変形を示します。薄板状のヒンジレバーの変形を無理に修正すると、支点に負荷が作用して応答性の狂いが起きます。リミットスイッチやドッグの取り付け状態を見直すことが必要です。

### ③チョコ停発生原因はセンサーの取り付け方次第

図4-6-6はシリンダロッドの動きを、リミットスイッチで検出するシステムを示します。シリンダロッドは軸方向に回転するため、六角形のナット（ドッグの代わり）では応答性が狂い、繰り返し位置決め精度が得られません。また、シリンダを傾けて取り付けていることで、ローラーに無理に接触しています。リミットスイッチの検出能力を高めるには接点の再現性が重要です。

ヒンジレバーが反る方向
にドッグが接触する
ドッグ
ヒンジレバー
配線の取り回しを優先させ
たことで、ローラーの向き
が逆に取り付けられている

図4-6-4　取り付けの向きを間違うと早期破損につながる

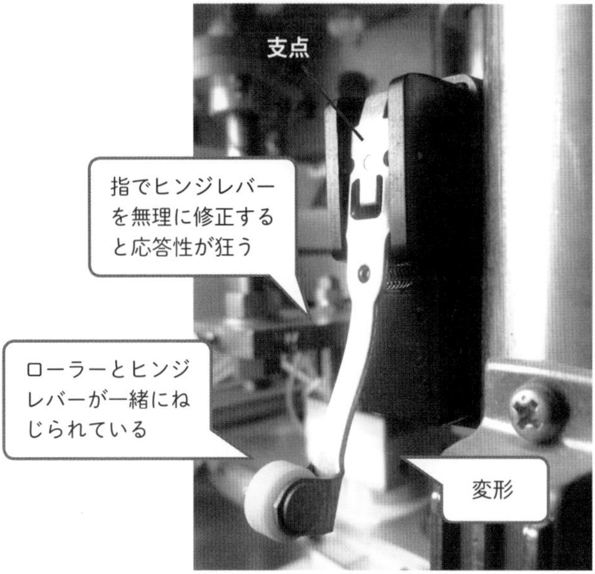
支点
指でヒンジレバーを無理に修正すると応答性が狂う
ローラーとヒンジレバーが一緒にねじられている
変形

図4-6-5 **薄板形状のヒンジレバーの変形**

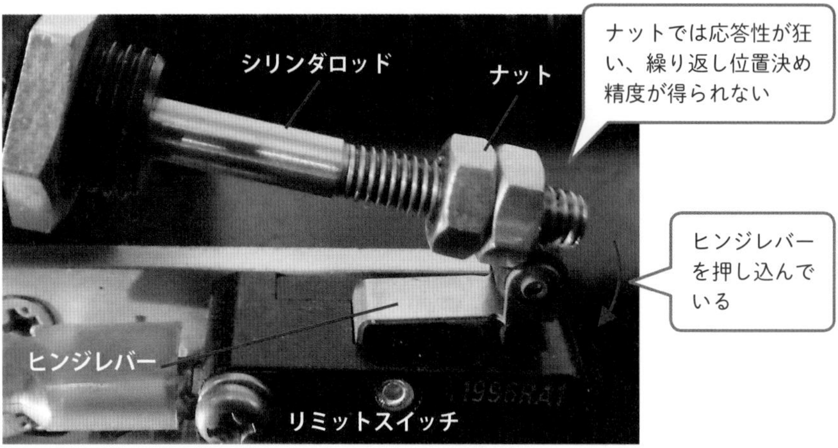
シリンダロッド
ナット
ナットでは応答性が狂い、繰り返し位置決め精度が得られない
ヒンジレバーを押し込んでいる
ヒンジレバー
リミットスイッチ

図4-6-6 **検出性能が低い取り付け方法を見直す**

ここがポイント

- ヒンジレバーの曲がりを点検する
- リミットスイッチの取り付け状態を見直す

# 4-7 プランジャ形リミットスイッチの検出力が低下する原因

軸方向に作用するプランジャ形リミットスイッチは、ドッグ形状によって位置ズレや損傷が発生します。ドッグの取り付け状態とプランジャ検出部（先端）の損傷を確認します。

### ①プランジャ検出部（先端）の破損原因

### プランジャ検出部（平形）の調整

図4-7-1はシリンダロッドの可動接点を示します。ボルト・ナット（ドッグの代わり）を用いているため、設備や加工による振動を受けて緩みが発生します。注意点はボルト・ナットがプランジャ検出部（平形）の押し込み過ぎによる損傷が発生します。接点の切り替わりを確認しながら、ボルト・ナットを調整することが重要です。

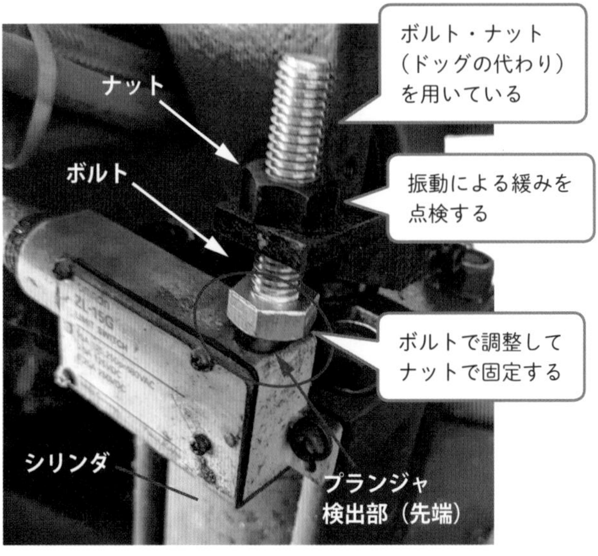
ボルト・ナット（ドッグの代わり）を用いている
ナット
ボルト
振動による緩みを点検する
ボルトで調整してナットで固定する
シリンダ
プランジャ検出部（先端）

図4-7-1 ボルトナット調整のズレを点検

## プランジャ検出部（ボール形）の調整

図4-7-2は、切削用刃物に既定の張力をつくり出す機構を示します。ハンドルを回して既定の張力に達すると、プランジャ検出部（ボール形）が出力信号を出します。この信号を受けて、設備の起動スイッチが入ります（AND回路）。注意点は、①回転方向と②接点方向が直角に作用するため、プランジャ検出部（ボール形）が損傷することです（図4-7-3）。

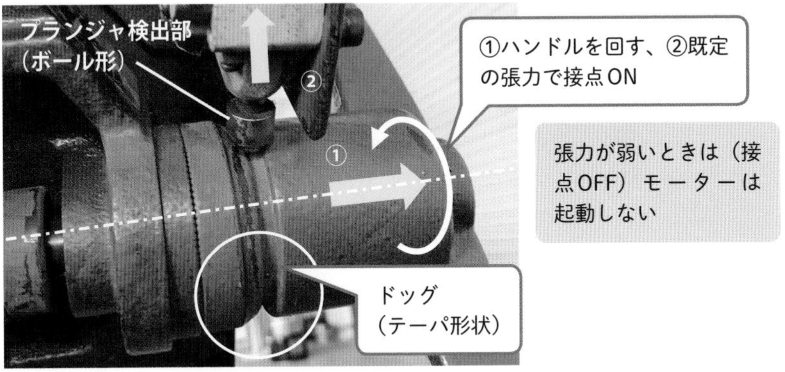
プランジャ検出部
（ボール形）
②
①
①ハンドルを回す、②既定の張力で接点ON
張力が弱いときは（接点OFF）モーターは起動しない
ドッグ
（テーパ形状）

図4-7-2　ドッグの形状はプランジャ検出部に負荷を作用させる

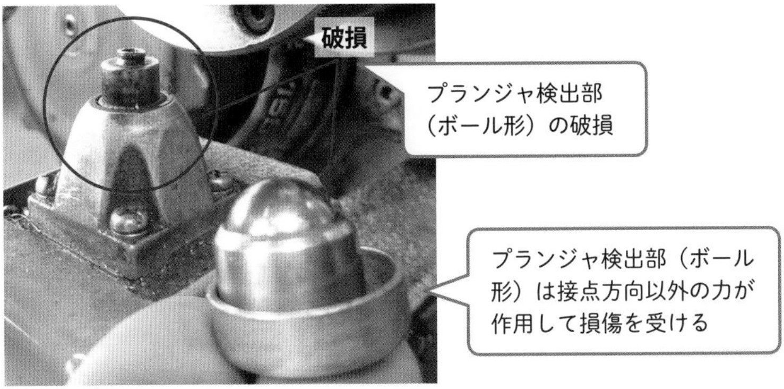


図4-7-3　プランジャ検出部（ボール形）の破損

**ここがポイント**

・プランジャ検出部の先端形状によってドッグの形状が変わる
・プランジャ検出部の形状によって負荷の受け方が異なる

## ②プランジャ検出部（ローラー）の破損原因

### 回転カムの切り替え点と応差をうまく合わせる

図4-7-4にプランジャ検出部（ローラー）を示します。回転カムがドッグの役割を果たします。回転カムのカット面（C）から円弧（R）に切り替わる位置が、接触点になります。

プランジャ検出部（ローラー）の接点には、応差（信号が入る範囲1mm程）があります。回転カムを回転させながら、2本のねじ位置を調整してセンサーの検出位置を決めるのです。この作業は個人差が出るため、センサーの寿命を左右します。

### ローラープランジャの損傷は誤動作を招く

図4-7-5にローラーの軸方向摩耗を示します。深い摩耗キズが発生していることから、ローラーに接触するドッグ（回転体など）の摩耗状態や表面粗さを点検しないと、交換しても損傷が発生します。

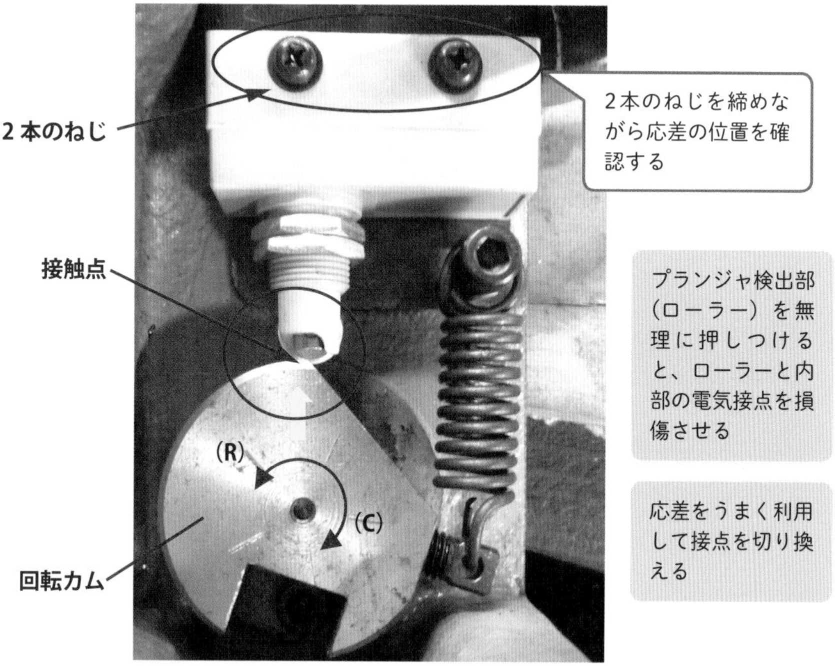
2本のねじ
2本のねじを締めながら応差の位置を確認する
接触点
プランジャ検出部（ローラー）を無理に押しつけると、ローラーと内部の電気接点を損傷させる
(R)
(C)
応差をうまく利用して接点を切り換える
回転カム

図4-7-4　回転カムの切り替え点と応差をうまく合わせる

**図4-7-6**はローラーの回転中心軸のガタツキを示します。ドッグがローラーに強く当たり、接点が反応しなくなります（ときどきONしない）。このようにドッグとの当たりが悪いと、寿命以下での交換となります。交換時は、応差を確認しながら調整するとよいでしょう。

ローラーの表面に
深い摩耗キズが発生
新品に交換する前にドッグの表面粗さなどを点検する

図4-7-5 **ドッグの粗さがローラーに転写される**

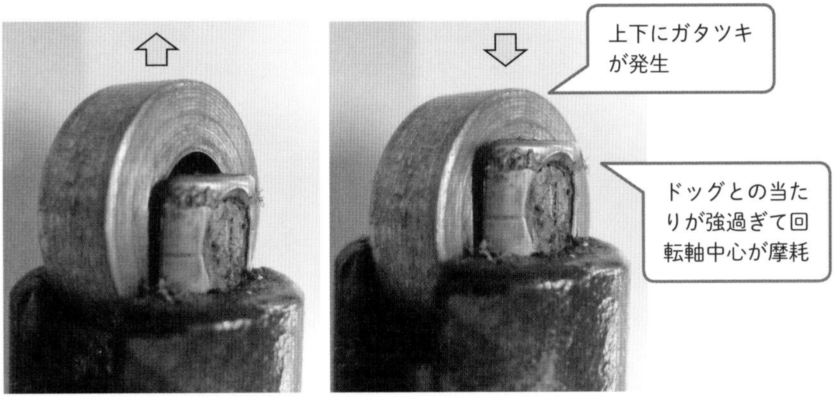
上下にガタツキが発生
ドッグとの当たりが強過ぎて回転軸中心が摩耗

図4-7-6 **ドッグとの接点距離を確認する**

**ここがポイント**

- 接点の取り付けミスはリミットスイッチの寿命に影響する
- スイッチ交換前にドッグの損傷状態を点検する
- プランジャ検出部（ローラー）の摩耗や損傷を点検する

Column 4

# 異常を予測して専門部署に引き継ごう

保守を担当される人にとって、専門外のトラブルは非常に厄介です。機械本体に加えて電気的損傷までひと通り一人で対応しようとすると、責任が重くのしかかってきます。しかし、点検作業で異常を予測することができれば、とりあえずは十分です。ただし、専門外のことだからと言って専門部署に任せっぱなしにせずに、一緒に保守を行うことによって経験値を積むことが大切です。

写真は、制御盤内の配線状況を示します。ドッグを検出するリミットスイッチの配線などが束ねられています。機械部品などを取り付け終えてから電気系統の配線作業が行われるため、狭い空間では配線の取り回しが難しくなります。そのため設備の稼働に伴い、振動などの影響を受けて配線を押しつぶすようになってしまいます。

したがって、「シリンダが配線に接触してリミットスイッチの位置ズレに影響する」ことを予測して、設備の見直しを計画するとよいでしょう。また同型機があれば、同様な損傷が起きていないか点検を行うことも有意義です（横展開する）。

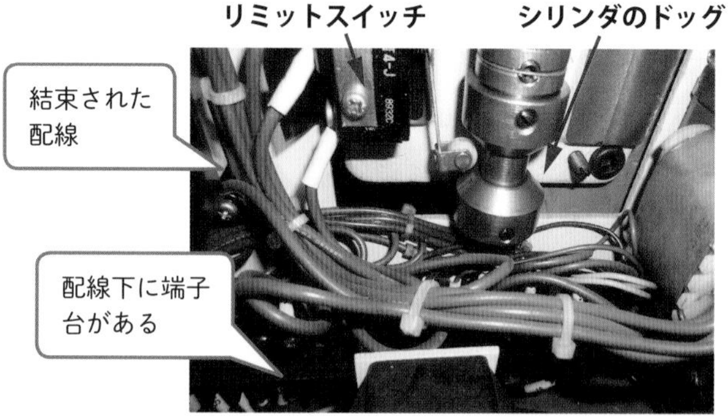
リミットスイッチ
シリンダのドッグ
結束された配線
配線下に端子台がある

異常を発見したら損傷を予測する

# 第5章

# うまく使えば利点も多い空気圧・油圧機器の保全周期を延ばそう

## 【圧力機器の保全】

電動化が進む一方で、生産現場では圧力制御による空気圧や油圧システムは欠かせません。しかし、シリンダの動きが悪くなるたびに、使用限界まで制御弁を調整することはご法度です。過負荷による影響は、要素部品や配管の損傷につながります。

空気圧や油圧システムも、配管系統の漏れやフィルターの目詰まりなど、日常点検によって異常に気づくことが大半です。圧力制御による危険性を理解し、各システムの違いによる損傷と点検ポイントを披露します。

# 5-1 空気圧システムは埃とドレンとの闘い

生産現場では、エアシリンダやエアガンなど圧縮空気を利用した機器が多用されています。機器の動きの変化は配管内部のエアの質が原因です。空気圧システムの動きを阻害する原因について考えてみます。

**①長年使用してきた空気圧機器は使用限界を超えている**

## 朝一番や休み明けの動作不具合を判断する

**図5-1-1**に、食品製造ラインにおける空気圧機器の活用状況を示します。機器による動きの変化（悪さ）は人によって判断が異なるため、上手く使用しなければ寿命以下で動作不具合につながります。自社設備では同様なトラブルが発生していないか点検してみましょう。

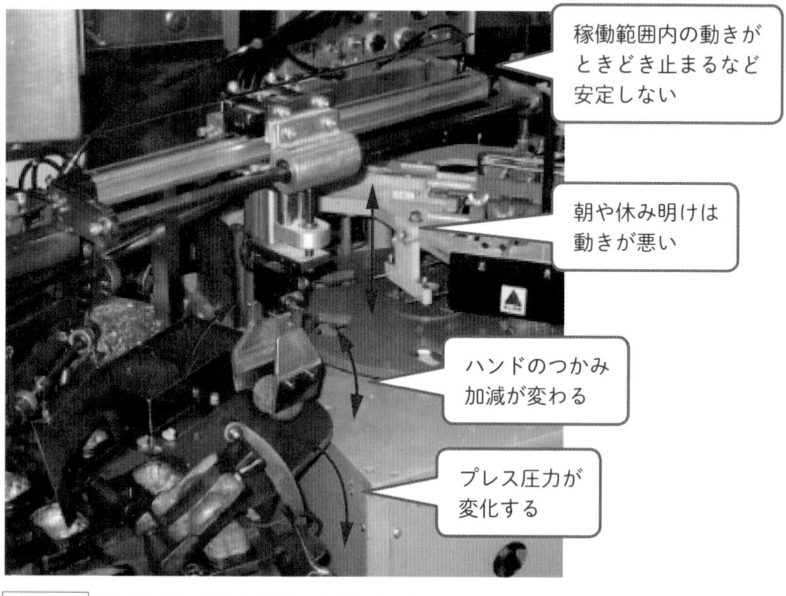

稼働範囲内の動きがときどき止まるなど安定しない
朝や休み明けは動きが悪い
ハンドのつかみ加減が変わる
プレス圧力が変化する


図5-1-1　**数十年経つ機器は動きの悪さが目立つ**

## 機器の動きの変化を異常ととらえる

エアガンを用いて異物除去を行う際、圧縮空気と一緒にミスト状の水分が噴き出すことがあります。これはコンプレサが圧縮の際に、空気中に含まれる埃や水分を吸い込むことが原因です。

水分はエアドライヤーを通して除去しますが、その一部は配管内を通過する過程で冷えて結露します。この結露した水分をドレンと呼んでいます。ドレンは配管内部の金属を錆びさせます（**図5-1-2**）。また、シリンダ内部のパッキン（ゴム）を溶かして駆動機器の動きを悪化させているのです（**図5-1-3**）。

カプラーを外したときに劣化を判断する
亜鉛めっきした配管内部もドレンの影響で錆びる
錆びの一部は配管内を通って機器の動きを悪化させる

**図5-1-2　配管内部の腐食**

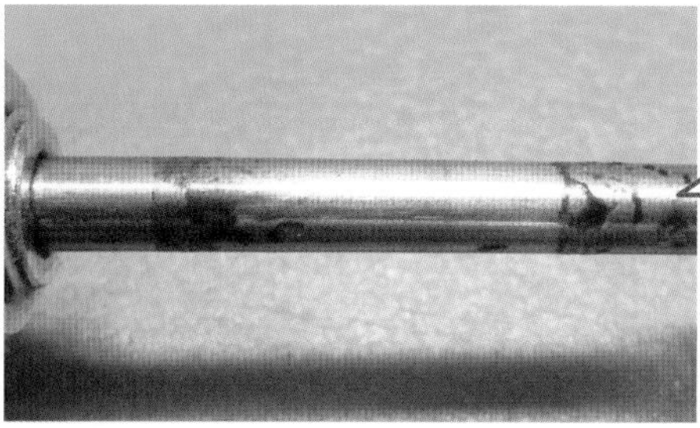
エアシリンダのロッドにゴムが付着して正常な動きが得られない

**図5-1-3　内部パッキンの劣化はドレンが原因**

**ここがポイント**

・ドレンの影響は空気圧システム全体に悪影響する

### ②夏場は温度上昇によりコンプレッサがトラブルを起こしやすい

**エアドライヤーの動きを確認しよう**

夏場は湿度が多く、大気中の水分量が多くなります。このドレンを処理するためにエアドライヤーが欠かせません（図5-1-4）。エアドライヤーは、コンプレッサを起動させる10分ほど前にスイッチを入れておくのが効果的です。ただしエアドライヤーに負荷をかけないためにも、一日1回はエアタンクの底に溜まったドレン除去を行います（図5-1-5）。

**ドレンが溜まりやすい箇所を発見して配管の取り回しを見直す**

エアを使用するときの注意点として、床下などに配管された分岐場所から取り出すのは厳禁です。ドレンは下部に溜まるため、分岐配管から取り出すのが最良です（図5-1-6）。また、配管途中にドレン抜きをつけて、定期的に溜まったドレンを処理しましょう。

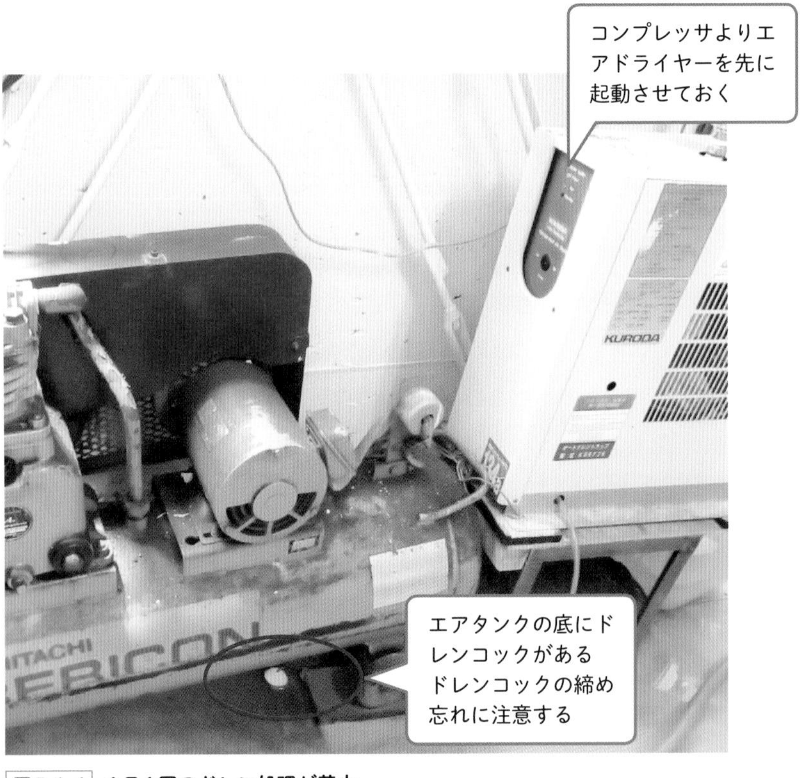
コンプレッサよりエアドライヤーを先に起動させておく
KURODA
HITACHI
BEBICON
エアタンクの底にドレンコックがある
ドレンコックの締め忘れに注意する

図5-1-4　**1日1回のドレン処理が基本**

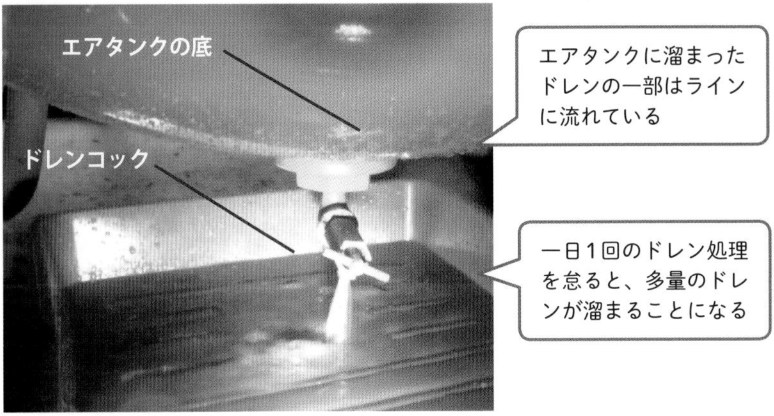
エアタンクの底
ドレンコック
エアタンクに溜まったドレンの一部はラインに流れている
一日1回のドレン処理を怠ると、多量のドレンが溜まることになる

図5-1-5 **エアタンクの下部に溜まったドレンの多量排出**

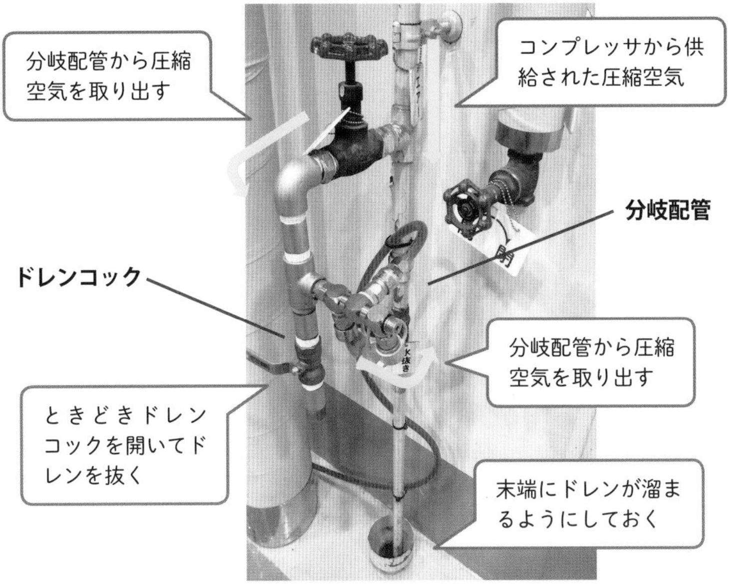
分岐配管から圧縮空気を取り出す
コンプレッサから供給された圧縮空気
分岐配管
ドレンコック
分岐配管から圧縮空気を取り出す
ときどきドレンコックを開いてドレンを抜く
末端にドレンが溜まるようにしておく

図5-1-6 **ドレンを含まない圧縮空気を取り出す方法**

ここがポイント

- コンプレッサの温度上昇を避けた周囲環境や設置場所を見直す
- エアタンクの底や配管の末端などドレンが溜まりやすい箇所を見つける
- 圧縮空気は分岐配管から取り出して機器へのドレン侵入を防ぐ

# 5-2 エア漏れを防ぐとコンプレッサの寿命改善に結びつく

圧縮空気を使用する生産現場では、必ずエア漏れが発生しています。エア漏れは安定した圧力が維持できないほか、コンプレッサ油の劣化や電気代にも影響します。ここでは、エア漏れ発生ポイントと対策を示します。

**①エア漏れポイントを見つける**

**圧力計の変動を見逃さない**

**図5-2-1**にコンプレッサの圧力計を示します。コンプレッサの正常な動きは、上限圧力（0.85MPa）に到達するまでエアタンクに圧縮エアを蓄圧します。上限圧力に到達後は、モーターが停止します。生産ラインの稼働に伴い、蓄圧されたエアが徐々に消費されます。

下限圧力（0.65MPa）まで低下すると、再びモーターが起動して圧縮を始めます。しかし、エア漏れが多発する生産ラインでは、蓄圧時間が少なくなります。そのため圧力計の指針が上限と下限を行き来して、常時モーターが稼働（モーターに負荷）します。指針が示す異常を判断しましょう。

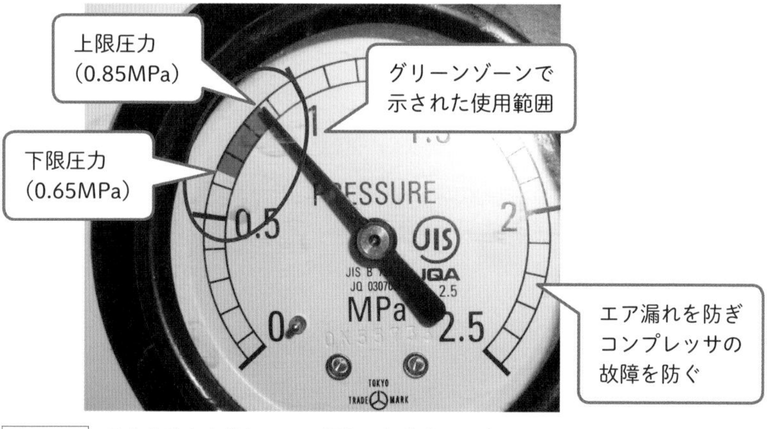
上限圧力
(0.85MPa)
グリーンゾーンで
示された使用範囲
下限圧力
(0.65MPa)
エア漏れを防ぎ
コンプレッサの
故障を防ぐ
PRESSURE
JIS
MPa
0
0.5
1
2
2.5

図5-2-1　**圧力変動を点検してエア漏れの証拠をつかむ**

### エア漏れが発生しやすいポイントを点検する

**図5-2-2**にエア配管の取り回しを示します。継手近くの急な曲がりや短い接続配管では、徐々に負荷の影響を受けて漏れ出します。

**図5-2-3**は熱源近くに配置されたエアシリンダを示します。エア配管が熱の影響を受けて硬化（劣化）すると、破裂しやすくなります。また、エアシリンダの動作が安定しなければ、内部パッキンの損傷を疑います。

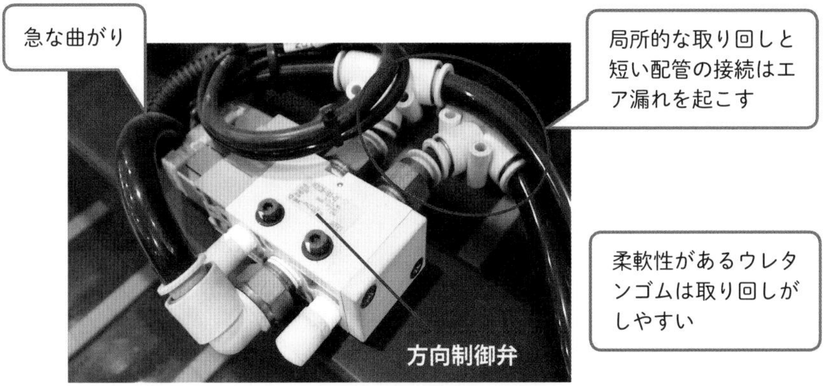
急な曲がり
局所的な取り回しと短い配管の接続はエア漏れを起こす
柔軟性があるウレタンゴムは取り回しがしやすい
方向制御弁

図5-2-2　エア漏れが起きやすい取り回しを点検

エアシリンダ
熱源近くは配管が硬化して破断しやすくなる
動きが安定しなければエアシリンダ内部のパッキンが損傷している

図5-2-3　熱源近くのエア配管を点検して破裂を防ぐ

**ここがポイント**

- コンプレッサの圧力変動を診てエア漏れを判断する
- エア漏れを放置すると機器の動作不具合に影響する

### ②エア配管一本で漏れを見つける

#### エア漏れの発見は設備停止時間帯を狙う

周りの機械音で聞き取りにくいエア漏れは、設備が停止する昼時やライン停止後が発見しやすくなります。また、設備内部のエア配管ラインでは「シューシュー」とエア漏れがわかっても、場所の特定は難しいものです。

このようなときは、エア配管を利用した聴音を試してください。（図5-2-4）。継手からのわずかなエア漏れも発見できます。

#### 過度な増し締めは機器を損傷させる

図5-2-5に継手からのエア漏れを示します。特に圧力配管にはテーパ継手が使用されているため、増し締めを繰り返すと機器を損傷させます。このときは継手を一度取り外して、シールテープの巻き直しが有効です。

図5-2-6に継手の接続を示します。特に機器内部にシールテープの破片が混入しないように注意します。

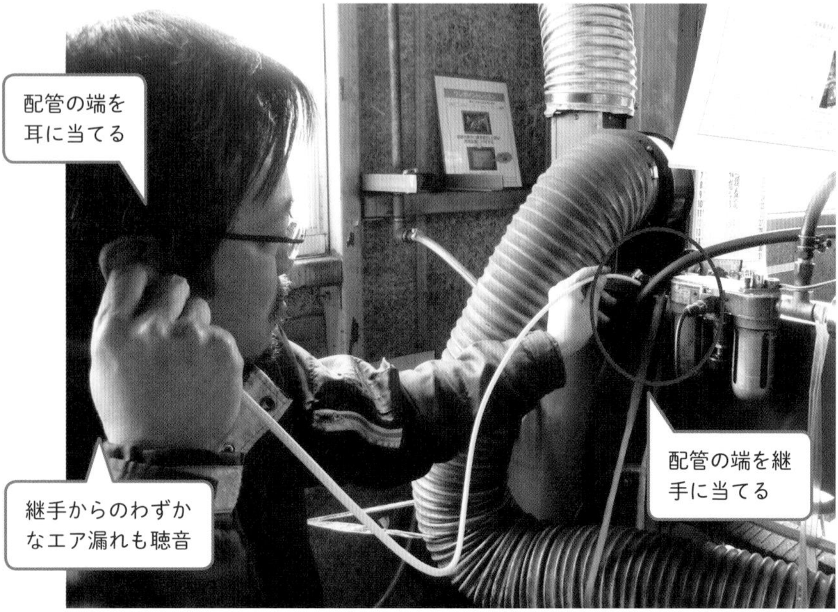
配管の端を耳に当てる
継手からのわずかなエア漏れも聴音
配管の端を継手に当てる

図5-2-4　継手からのわずかなエア漏れも聴音診断で発見

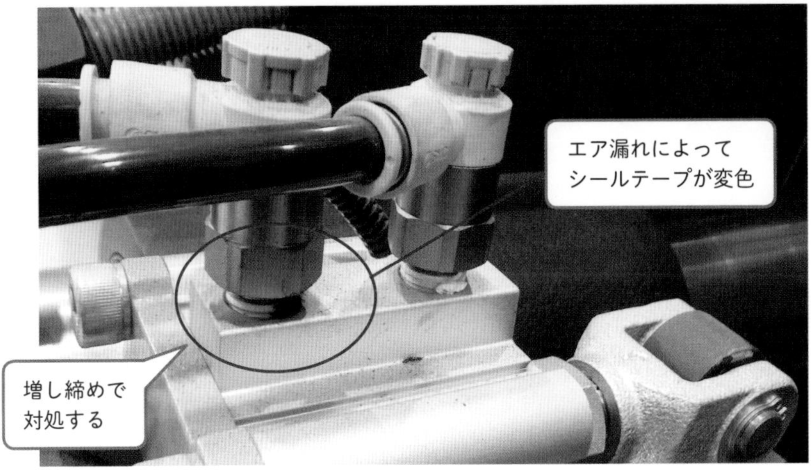
エア漏れによって
シールテープが変色
増し締めで
対処する

図5-2-5 **継手を点検して漏れを判断**

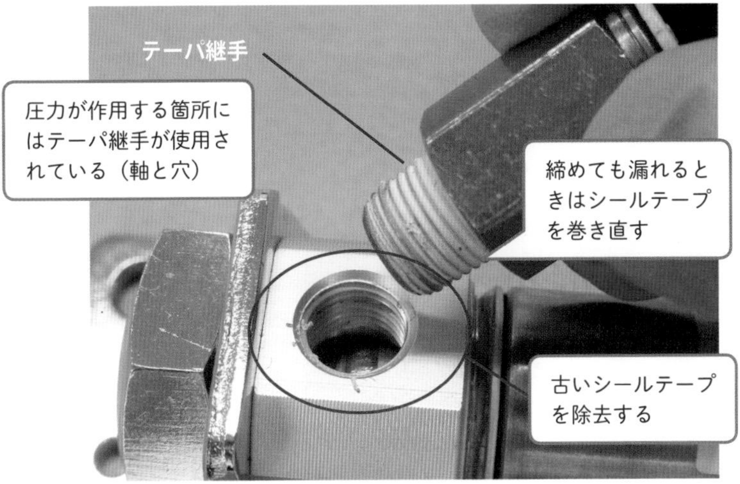
テーパ継手
圧力が作用する箇所にはテーパ継手が使用されている（軸と穴）
締めても漏れるときはシールテープを巻き直す
古いシールテープを除去する

図5-2-6 **テーパ継手は締め過ぎると機器を損傷させる**

ここがポイント

- テーパ継手は増し締めによる機器の破損に注意する
- 継手の汚れを発見したときはシールテープを巻き直す
- 機器内部への異物混入を防ぐ

# 5-3 1次側の圧縮空気の質を改善するFRLの役目を知ろう

空気の質や圧力を安定供給させるためにフィルター、レギュレータ、ルブリケータの3点セット（FRLユニット）があります。これらの機器がうまく機能しないと、末端の駆動機器（シリンダ）の動きに影響します。それぞれの役目と点検ポイントを確認します。

**①空気圧機器に必要なFRLの設置場所を探ろう**

**図5-3-1**にFRLユニットを示します。異物（ごみ、錆び、油分）とドレンを含む1次側の圧縮空気は、①フィルターを通して除去します。次に②レギュレータ（減圧弁）では、目的の圧力（製品の加圧力など）を得るために調圧します。最後に③ルブリケータ（給油器）を設けて、駆動機器（シリンダ）に適量の油を給油するという流れです。

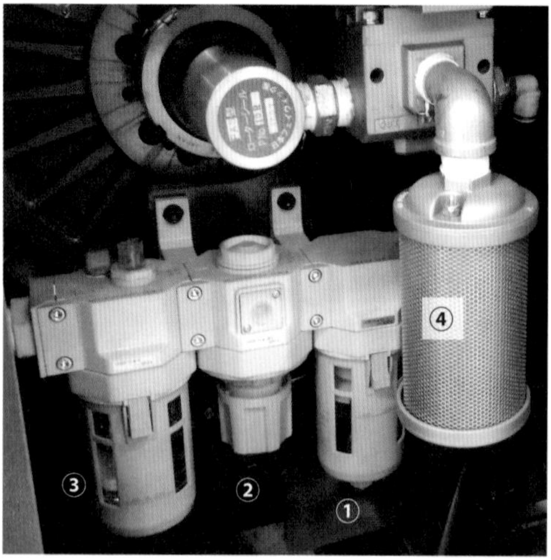


**【圧縮空気の流れ】**
コンプレッサ
↓
F：①フィルター
↓
R：②レギュレータ（減圧弁）
↓
L：③ルブリケータ
（給油器）
↓
駆動機器
（シリンダ）
↓
④オイルフィルター

図5-3-1　設備内部に配置された空気圧調整機器を見つけ出す

### ②1次側のドレン排出とフィルターの目詰まりを確認しよう

**図5-3-2**にフィルターユニットを示します。ドレン除去は生産開始前と終了時の実施が基本です。圧力が作用した状態でドレンコックを回すと、容器内のドレンが排出されます。

**図5-3-3**にフィルターの目詰まり対策を示します。定期的にフィルターを交換するほか、差圧計を利用して1次側と2次側の圧力差が0.1MPaに達したときをフィルター交換の目安とします。

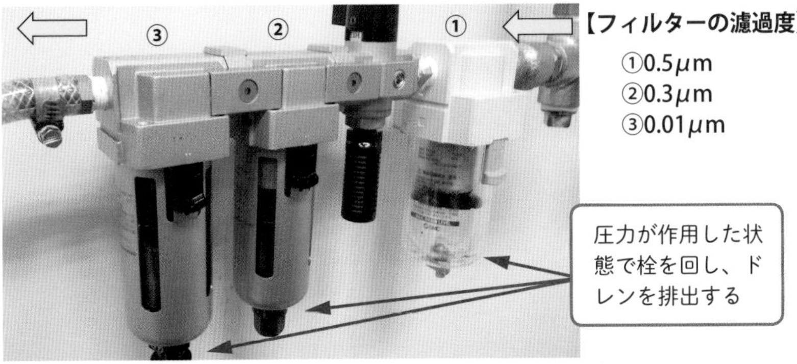
③
②
①
【フィルターの濾過度】
①0.5μm
②0.3μm
③0.01μm
圧力が作用した状態で栓を回し、ドレンを排出する

図5-3-2　1次側のドレン排出

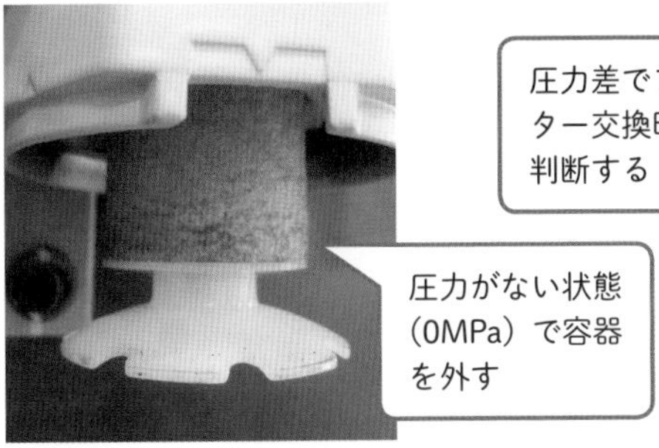
圧力がない状態（0MPa）で容器を外す

フィルターの目詰まり

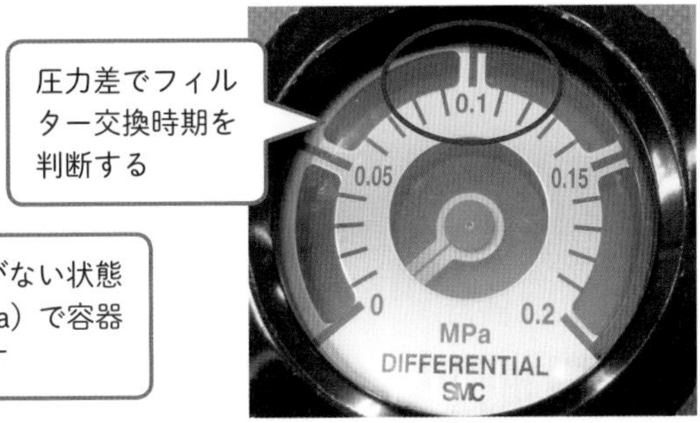


差圧計

図5-3-3　フィルターの目詰まりを防ぐ

**ここがポイント**

・一日1回のドレン排出量が多い日は1次側の異常を判断する
・フィルターの目詰まりは駆動機器の動作速度や圧力変動を起こす

### ③2次側の圧力を制御するレギュレータ（減圧弁）の変動を診る

成形品のプレス加圧力（品質管理）やクランプ操作（金型の押さえ）にレギュレータ（減圧弁）を用いることで、安定した圧力が供給できます。圧力計には調圧（減圧）された2次側の圧力が表示されます（**図5-3-4**）。圧力計の指針はエアシリンダなどが動くと変動します。

圧力変動が大きいときは、フィルターの目詰まりやダイヤフラムの損傷が考えられます。特に金型の押さえ機器（クランプ）の圧力変動は、金型損傷や安全性に影響します。そのため、責任者以外が調圧できないように対策されたものがあります（**図5-3-5**）。

### ④駆動機器への給油に欠かせないルブリケータ

工作機械などの主軸交換やエアスピンドルなどには、金属同士の焼付き防止のためにルブリケータ（給油器）が必須です（**図5-3-6**）。

図5-3-4　**2次側の圧力を示す**

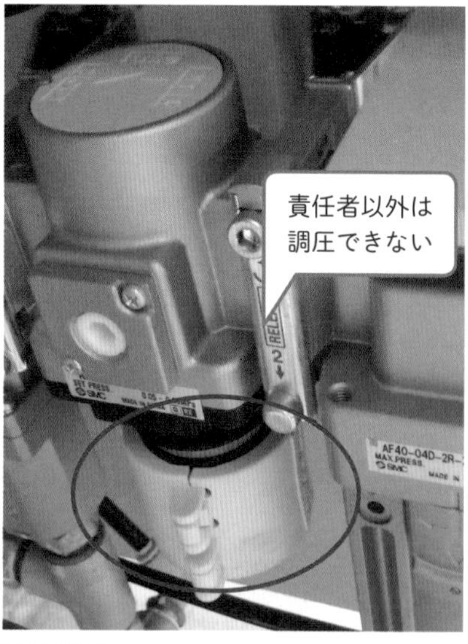


図5-3-5　**調圧禁止カバー**

容器内の油が減らないときは，Oリングの損傷（差圧が発生しない）や吸い込み管の外れなどを疑います（**図5-3-7**）。油の滴下量は毎分1～3滴など、使用状況によって管理が難しいのが欠点です。最近の駆動機器には専用グリスが塗布されているため、ルブリケータを使用しないシステムが多くなっています。

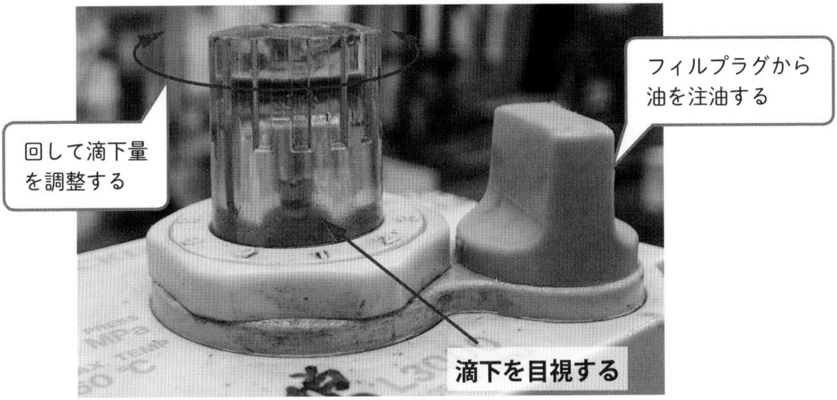
回して滴下量
を調整する
フィルプラグから
油を注油する
滴下を目視する

図5-3-6 **最適な滴下調整量は判断しにくい**

吸い込み方向
Oリングが損傷すると
差圧が発生しないため
吸い込みができない
水分混入による吸い込み
フィルターの目詰まり

図5-3-7 **油が減らない原因を探る**

ここがポイント

- 2次側の設定圧力値に狂いがないことを確認する
- レギュレータの圧力計は2次側を示す
- ルブリケータの油が減らないときは分解清掃を行う

# 5-4 突発的な機器の故障を防ぐための点検方法

生産設備ではチョコ停や機器の動きが悪いとき、そのときどきの手直しで対応することも多いようです。しかし、適切に対応しなければ、いずれは設備停止に至ります。そんな異常のサインが出たときの対処方法について確認します。

### ①方向制御弁の動きを確認しよう

**機器内部に配置された方向制御弁を探す**

方向制御弁とは、エアシリンダのロッドの前進・後退、エアハンドのつかむ・放すなどの動きを切り替えるための制御機器です。エアシリンダが動かないときは、方向制御弁を1つずつ切り替えて動作確認を行います。FRLユニットから先（2次側）の方向制御弁の配置を確認します（図5-4-1）。

製造ラインを停止させて設備内部の状態を確認する
FRLユニットからの配管をたどり、方向制御弁を探る

図5-4-1 配管をたどって方向制御弁の場所を特定する

### エアシリンダの動きは方向制御弁を切り替えて判断する

**図5-4-2**に、方向制御弁の異物混入による動作エラーを示します。エアシリンダの動きが悪いときは、エアシリンダや方向制御弁の故障を疑います。

**図5-4-3**に方向制御弁を示します。方向制御弁の手動切り替えボタンを押して、エアシリンダの動きを点検します。

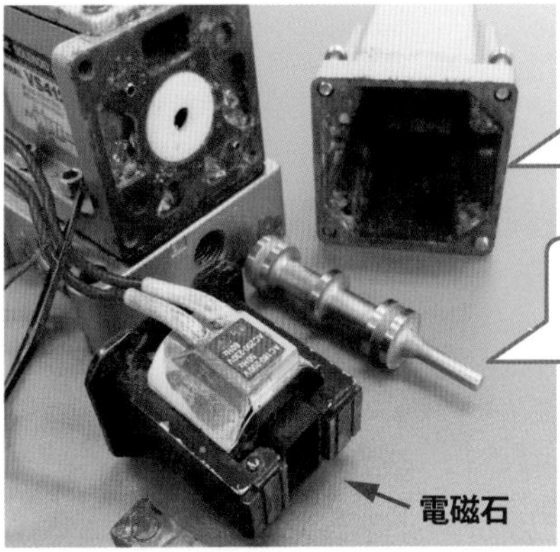
本体内部に
異物が堆積
主弁を切り替える電磁石
（ソレノイド）が錆びている
電磁石

図5-4-2 **方向制御弁の損傷原因を突き止め再発を防ぐ**

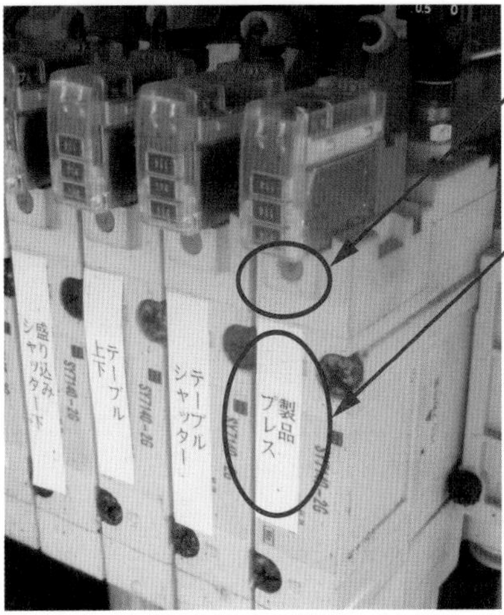
方向制御弁の手動切り替えボタンを押してエアシリンダを動作させる
方向制御弁には稼働させるエアシリンダの番号や名称を記しておく
製品プレス
テーブルシャッター
テーブル上下

**【エアシリンダの点検方法】**
①エアシリンダが動いたときに他の機器への衝突やはさみ込みが発生しないことを確認する
②設備の主電源を切る（OFF）
③エアを供給した状態で方向制御弁の手動切り替えボタンを押す
④エアシリンダの動きを点検する

図5-4-3 **方向制御弁の個別動作で異常を点検**

**ここがポイント**
・方向制御弁の切り替え動作でエアシリンダの動作不具合を判断する

### ②オートスイッチの取り付け位置は振動などで緩む

エアシリンダが動作しなくなる原因として、オートスイッチの位置ズレや損傷（寿命）があります。エアシリンダ内部の磁石（磁気）にオートスイッチが反応します（**図5-4-4**）。検出エラー時は、取り付けねじの緩みを点検してください。

**図5-4-5**にオートスイッチとエア配管の結束を示します。オートスイッチは配線の付け根に局所的な曲がりがあると、熱を帯びて断線します。また、圧縮空気が流れたときにエア配管が膨張するため、オートスイッチとエア配管を一緒に結束すると配線を無理に引っ張り断線することがあるのです。エアシリンダが動かなくなったときは、オートスイッチの位置ズレと結束状態を点検しましょう。

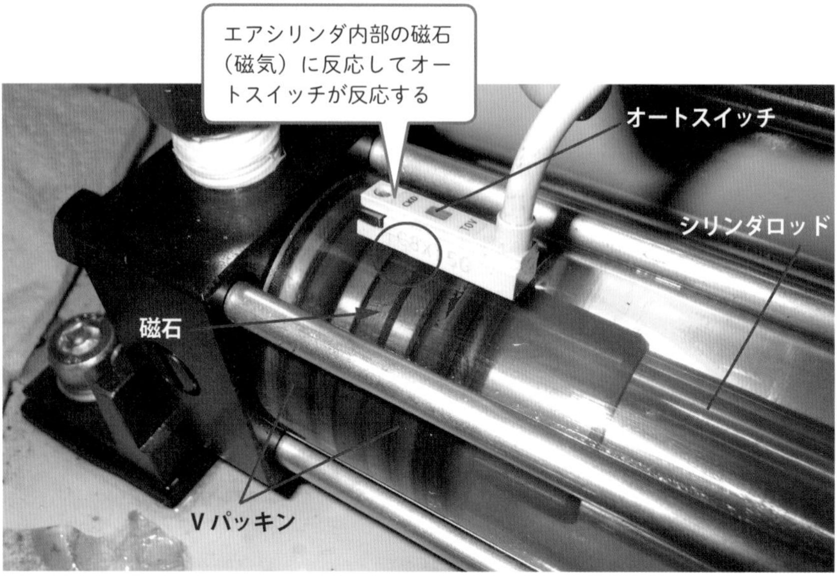
エアシリンダ内部の磁石（磁気）に反応してオートスイッチが反応する
オートスイッチ
シリンダロッド
磁石
Vパッキン

図5-4-4　**オートスイッチの反応を診る**

### ③駆動機器（シリンダ）の負荷を考える

**図5-4-6**にガイド付きエアシリンダを示します。エアシリンダは、ロッドが伸びた状態が最もたわみやすく負荷を受けます。エアシリンダのロッドが引っ掛かるような動きをしたときは、許容値以上の荷重が作用していると考えられます。

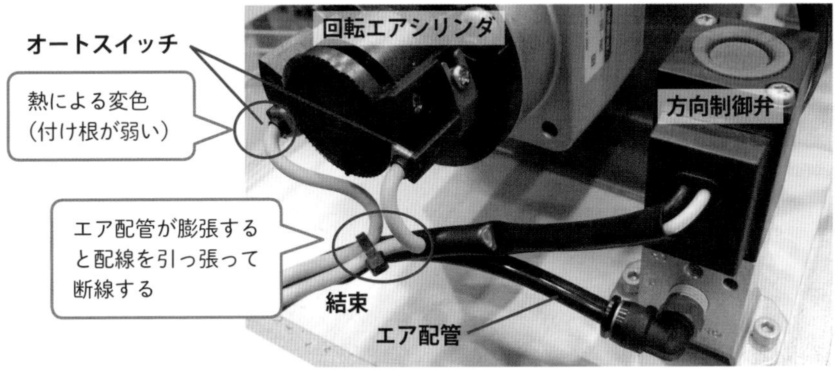


図5-4-5　**オートスイッチとエア配管の結束に注意する**

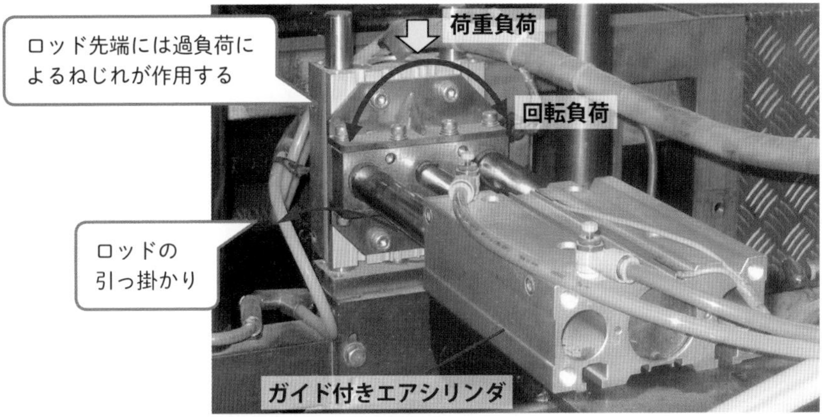


図5-4-6　**ガイド付きエアシリンダも過負荷に耐えられない**

**ここがポイント**

・システムの突発停止はオートスイッチの検出エラーを疑う
・エアシリンダはロッドが伸びた状態が負荷を受けやすい

# 5-5 油圧システムを理解すれば点検に結びつく

油圧システムは「作動油の高圧化」や「作動油を油圧タンクに戻す」など、空気圧システムにはない工程や機器があります。それぞれの機能と役割を知り、日常点検すべきポイントを確認しておきます。

### ①油圧システムの基本構成を知ろう

### 油圧供給ユニットには情報が集積されている

**図5-5-1**に油圧供給ユニットを示します。「①モーター」が回転すると、連結した「②油圧ポンプ」が回転し、油圧タンクから作動油を「③吸い込み」ます。「②油圧ポンプ」は、作動油を圧縮（高圧化）させて「④吐出」します。

吐出圧力は「⑤圧力計」で確認し、シリンダの動きを制御する「⑥方向制御弁」に流れます。特に油圧システムでは設定圧力以上になると破裂するため、一部の作動油を、「⑦ドレン配管」を通して油圧タンクに戻します。

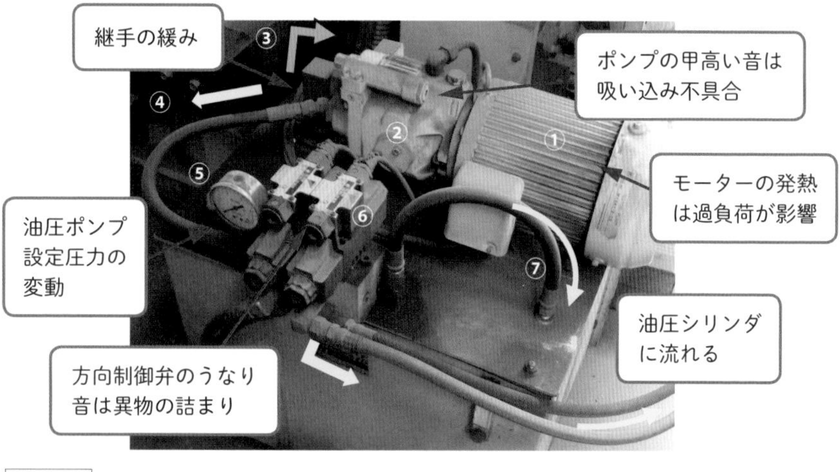

継手の緩み
ポンプの甲高い音は
吸い込み不具合
モーターの発熱
は過負荷が影響
油圧ポンプ
設定圧力の
変動
油圧シリンダ
に流れる
方向制御弁のうなり
音は異物の詰まり


図5-5-1 油圧供給ユニットの点検ポイント

## 油圧シリンダの機能を理解しよう

**図5-5-2**に油圧シリンダを示します。「⑧油圧シリンダ」のロッドの動作速度は「⑨流量制御弁 」で調整されます。**図5-5-3**に制御機器の積層弁（モジュラーバルブ）を示します。それぞれの機能を持った制御弁を積み重ねて油圧回路が構成されているため、配管が不要になります。

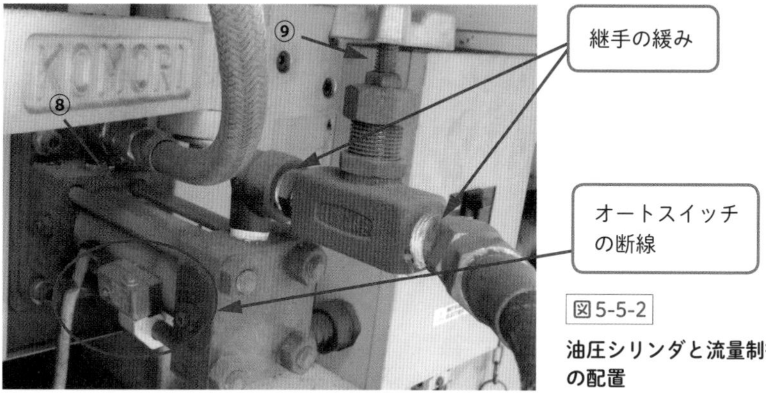
⑨
⑧
KOMORI
継手の緩み
オートスイッチ
の断線

図5-5-2 **油圧シリンダと流量制御弁の配置**

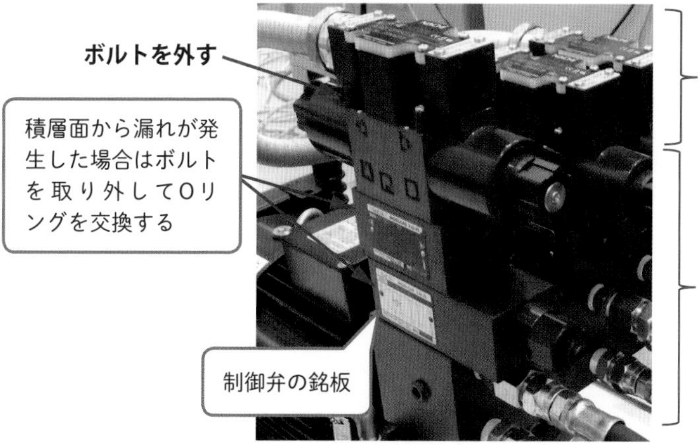
ボルトを外す
積層面から漏れが発生した場合はボルトを取り外してOリングを交換する
制御弁の銘板
⑥方向制御弁
それぞれ機能を持った制御弁

図5-5-3 **積層弁は接続部の漏れを点検する**

ここがポイント

- 油圧供給ユニットから駆動機器（シリンダ）までの流れをたどる
- 機器の役割や操作方法を確認する

②機器を外したらエア抜きが欠かせない

### 油圧シリンダのロッドの損傷を確認しよう

図5-5-4に油圧シリンダのロッドを示します。切りくずの堆積によってロッドの摩耗やロッドパッキンの損傷が発生します。油漏れがひどい場合は油圧シリンダの交換も検討しましょう。

交換作業後は機器のエア抜きが必要です（図5-5-5）。特に油圧回路中（配管）の空気量が多いと、油を吸い込みにくく圧縮性が得られません。回路上にエア抜き弁があれば、そこから空気を除去します。

### エア抜き弁とニードルクッション弁を確認しよう

図5-5-6に、油圧シリンダのエア抜き弁とニードルクッション弁を示します。エア抜き弁からエアを抜くときは、油圧シリンダの作動圧を低く調整（リリーフ弁やポンプ圧力操作）すると、安全にエア抜きができます。

切りくずの堆積が原因で油漏れが発生
鋼配管継手も振動で緩みが起きやすい

図5-5-4 **ロッドの損傷状態を点検して油漏れ原因を突き止める**

エアを抜くにはロッドをゆっくりと数回往復させて、エア抜き弁から空気を除去します。エア抜き弁は一度に全開せずに、少しずつ緩めます。一方、ニードルクッション弁は、ロッドが前進端・後退端での衝撃を緩和させるものです。外観形状が似ているため、間違わないようにカタログなどで確認しましょう。

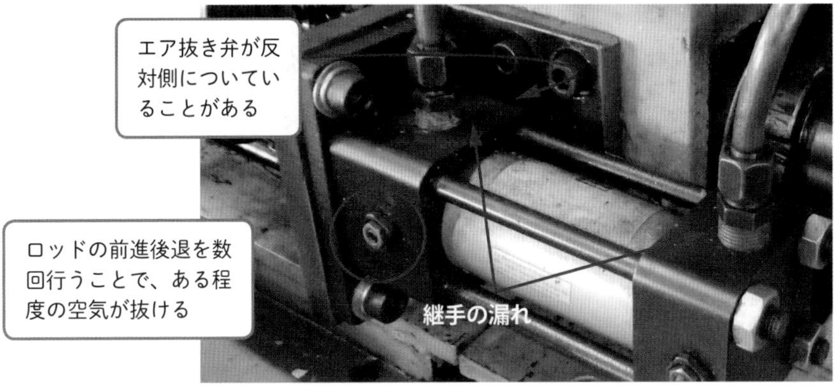
エア抜き弁が反対側についていることがある
ロッドの前進後退を数回行うことで、ある程度の空気が抜ける
継手の漏れ

図5-5-5 油圧シリンダのエア抜き

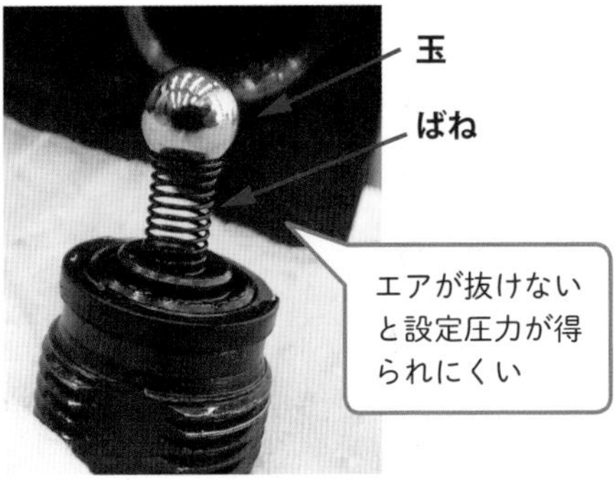
玉
ばね
エアが抜けないと設定圧力が得られにくい

エア抜き弁

衝撃緩和が目的

ニードルクッション弁

図5-5-6 エア抜き弁とニードルクッション弁の働きの違い

ここがポイント

- 硬質なロッドも切りくずが堆積すると損傷する
- 機器交換後には設定圧力を低くして少しずつエアを抜く

# 5-6 作動油の劣化による機器の動作不具合を防ぐ

フィルターの目詰まりの原因の一つに、作動油の粘度低下によるスラッジが影響しています。そこで、作動油の劣化について確認します。

**①作動油の質が悪いとフィルターと各制御弁の寿命を低下させる**

**フィルターの目詰まり状態を点検しよう**

各制御弁の動作異常を防ぐために、油圧ポンプ吐出側には管路用ラインフィルター、戻り配管側にはリターンフィルターがあります。**図5-6-1**に管路用ラインフィルターを示します。フィルターの目詰まりの状況に応じて、赤色標示環が浮上する仕組みです。

フィルターの交換周期が短い場合は、1次側の配管経路に原因があります。フィルターの交換だけで済ませてはいけません。

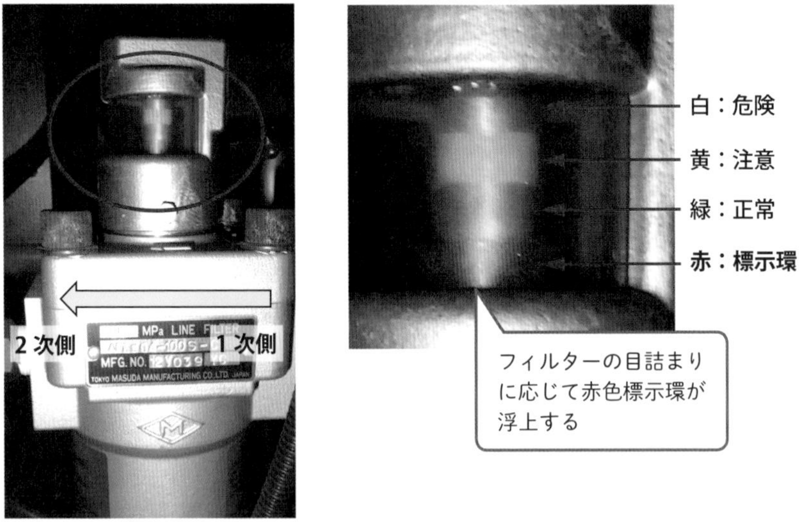


図5-6-1 フィルターの検知器表示を判断する

### 方向制御弁の切り替え動作が遅い

図5-6-2に方向制御弁の内部構造を示します。方向制御弁に電気信号を入れると電磁石（ソレノイド）が働き、主弁（スプール）が左右に移動して作動油の流れが切り替わります。主弁（スプール）は5μm程度のわずかな隙間で稼働します。

作動油の劣化によるスラッジや鉄粉などの細かい粒子が詰まると、主弁（スプール）の動きが低下して駆動機器（シリンダ）の動作不具合として現れます。

### 電磁石（ソレノイド）からの情報を感じ取る

主弁（スプール）が固着などで動きが悪いと、電磁石（ソレノイド）がうなり音を鳴らしたり、発熱したりしてコイル焼損につながります。機器を触って、振動や熱を帯びている場合は異物混入を疑います。

電磁石（ソレノイド）を
触って異常を判断する
わずかな隙間に異物
が混入して固着する
主弁が動くと油の
流路が変わる
主弁（スプール）
が左右に可動

図5-6-2　**異物混入は主弁の動きを低下させる**

**ここがポイント**
- 機器の寿命を延ばすためフィルターの定期点検と交換を行う
- 管路用フィルターの設置場所を確認してフィルターの目詰まり状況を判断する

## ②戻り油を冷却してスラッジを防ぐ

### オイルクーラーの冷却方法には空冷と水冷が存在する

各制御弁などで減圧（作動油の圧縮）させると、発熱して油温上昇（高温化）が起きます。この作動油を再循環させると、さらに高温化します。作動油は炭化によるスラッジを発生させて、機器内部のパッキンやガスケットを劣化させます。

対策として、油圧タンクに戻る前に冷却させると効果的です。

図5-6-3に空冷式オイルクーラーを示します。フィルターが埃で詰まっていると、ファンが回っても冷却効果が得られません。定期清掃では運転を停止して（電源OFF）、直接冷却フィンに当たらないように埃を除去します。

### 水冷式オイルクーラーは水質管理が重要

図5-6-4に水冷式オイルクーラーを示します。クーラント（冷却水）を冷

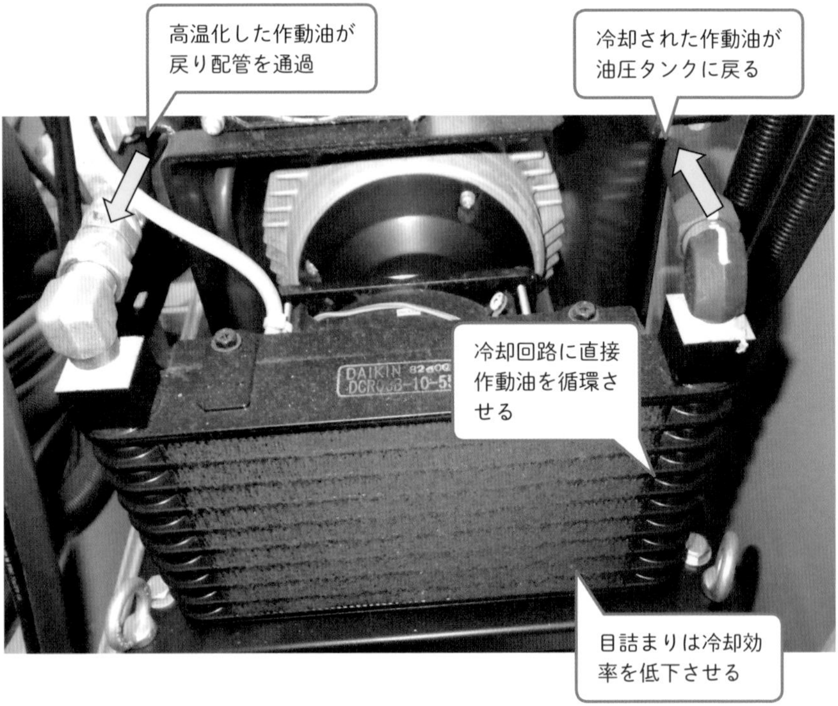
高温化した作動油が戻り配管を通過
冷却された作動油が油圧タンクに戻る
冷却回路に直接作動油を循環させる
目詰まりは冷却効率を低下させる

図5-6-3　空冷式オイルクーラーの冷却フィンの目詰まり

却水用配管内に循環させます。油圧タンクに戻る油を油入口に通して、冷却水用配管やバッフルプレートと接しながら油の冷却を行います。

空冷式よりも冷却効率が優れていますが、水質が悪いと詰まります（図5-6-5）。オイルクーラーを設置したシステムでは、油温計の温度上昇を点検することが鉄則です。

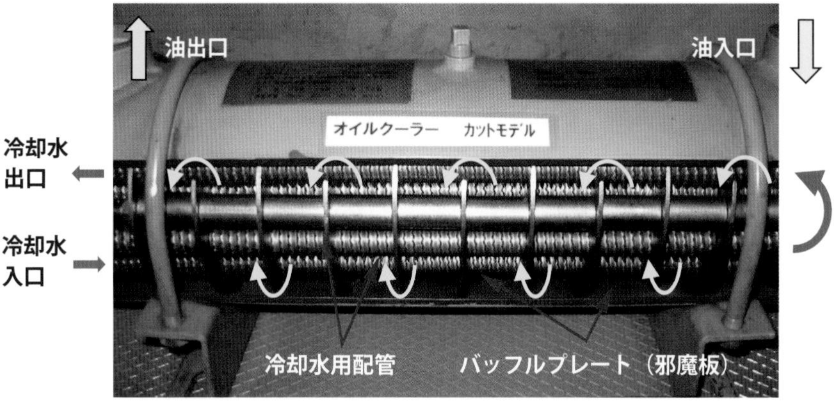


図5-6-4　冷却用オイルクーラーの冷却水と油の流れ

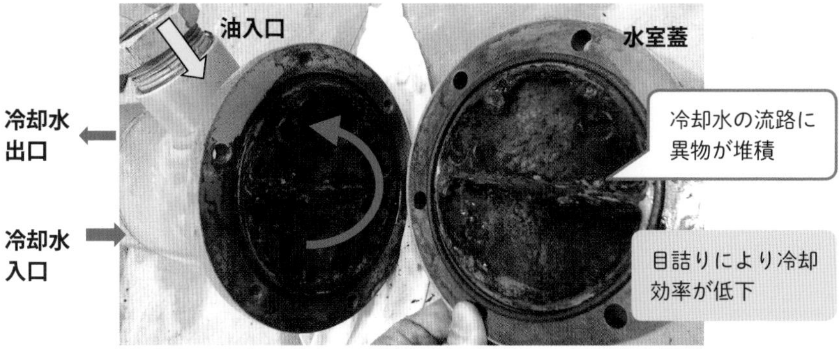


図5-6-5　冷却水の劣化による流路の詰まり

ここがポイント

- 空冷式は埃を除去して熱効率を改善する
- 水冷式は水質悪化を防ぐために、油温計を点検してオーバーホールを防ぐ

# 5-7 作動油の劣化は油圧ポンプ機能を低下させる

油圧タンク内のフィルターや戻り配管の点検を怠ると、油圧ポンプの損傷につながります。そのため、各フィルターの状態を確認しておきます。

**①エアブリーザとサクションストレーナーを点検しよう**

**図5-7-1**に、油圧タンク内のエアブリーザとサクションストレーナーを示します。エアブリーザは給油口からの異物混入を防ぎ、油圧タンク内の空気を抜いて内圧を一定に保ちます。サクションストレーナーは、油圧タンク内の異物がポンプに吸い込まれないように濾過するためのフィルターです。

特にサクションストレーナーは、目詰まりが起きると吸引不良による空洞現象（キャビテーション）が現れ、甲高い異音が発生します。この状態にな

キャップを外して給油する
エアブリーザ
エアブリーザは内部の空気を抜いて内圧を一定に保つ（真空を防ぐ）
サクションストレーナー
サクションストレーナーの汚れがひどいとキャビテーションを発生させる
サクションストレーナーの劣化は油タンクから引き抜かないとわからない


図5-7-1 **サクションストレーナーの劣化を点検する**

ると、油圧タンクの底に異物が沈殿していることが多く、サクションストレーナーの交換だけでは防ぎ切れません。したがって、油圧タンク内の清掃を実施しましょう。

### ②戻り配管側のリターンフィルターを点検しよう

**図5-7-2**にリターンフィルターを示します。油圧装置で作業を行った作動油には、管路内の異物が混入しています。この作動油を直接油圧タンクに戻さずに、リターンフィルターで取り除いてから油圧タンクに戻します。

リターンフィルターはすべての設備に備わっているわけではありません。自社設備の油圧経路について確認してみましょう。

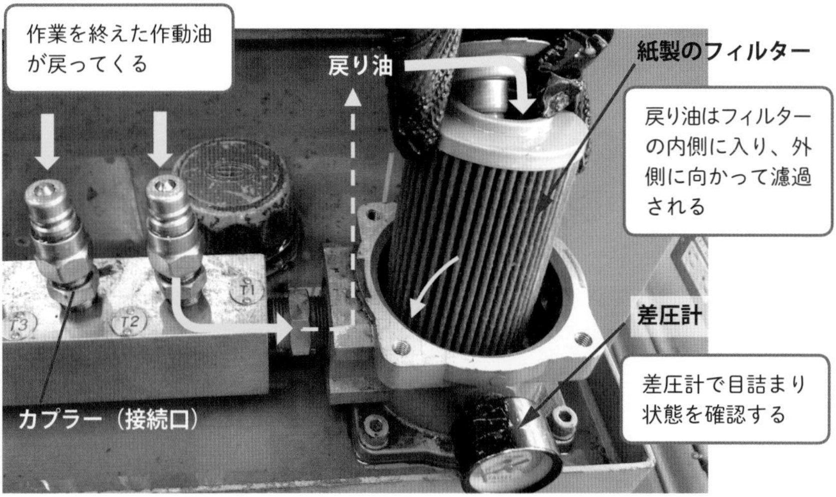
作業を終えた作動油
が戻ってくる
戻り油
紙製のフィルター
戻り油はフィルターの内側に入り、外側に向かって濾過される
差圧計
差圧計で目詰まり状態を確認する
カプラー（接続口）
T1
T2
T3

図5-7-2 **リターンフィルターの目詰まりを点検する**

ここがポイント
- ポンプの異音はポンプの吸い込みを疑う
- 粉塵の多い環境では異物混入が発生するためエアブリーザとサクションストレーナーを点検する
- フィルターの材質には用途に応じて紙製・ステンレス製・グラスファイバー製がある

### ③油圧装置の作動油は管理が悪いと劣化する

### 油圧タンクへの異物混入を点検する

油圧ポンプや駆動機器（シリンダ）の高圧作用により、油圧回路内は摩擦などで激しい温度変化が発生します。また、作動油の添加剤が酸化したり、水分や鉄粉などが侵入したりすることで劣化が進みます。過酷な環境で循環する作動油にとって、劣化は避けられない現象です。

**図5-7-3**は歯車ポンプを用いた油圧システムを示します。周囲には切りくず回収容器が配置され、油圧タンク上面には切りくずが散乱しています。また、油圧タンクからの吸い込み口に隙間があり、切りくずなどの異物が混入するなど決して環境が良いとは言えない状況です。

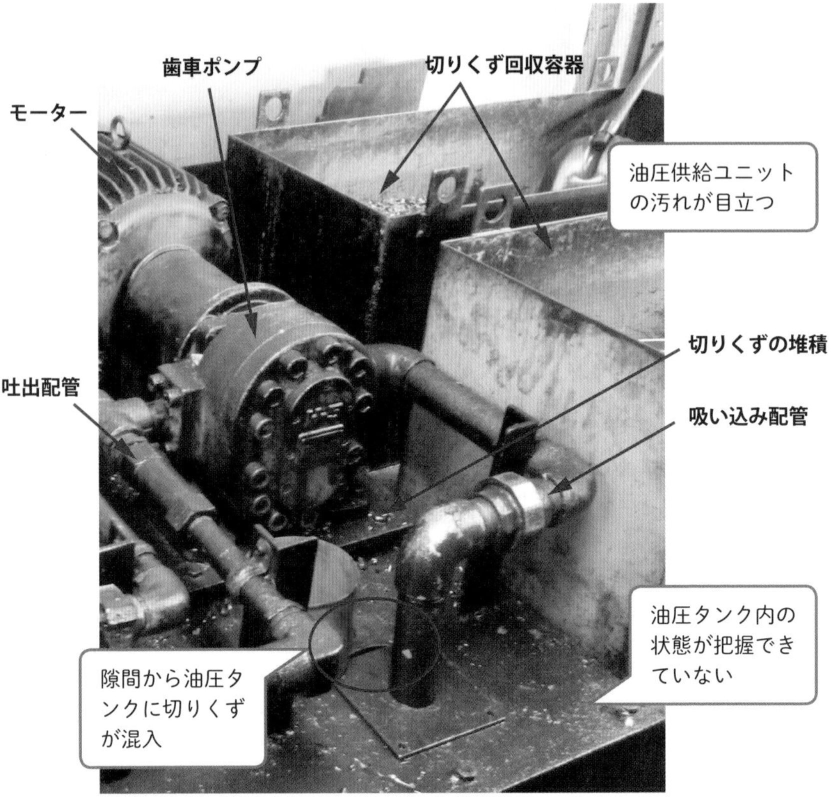
歯車ポンプ
切りくず回収容器
モーター
油圧供給ユニットの汚れが目立つ
切りくずの堆積
吐出配管
吸い込み配管
油圧タンク内の状態が把握できていない
隙間から油圧タンクに切りくずが混入

図5-7-3 **吸い込み配管の蓋が外れて切りくずが混入**

## 油圧ポンプの損傷は油圧シリンダのロッドの動きに影響する

**図5-7-4**に歯車ポンプの損傷を示します。歯車ポンプは上下の歯車が回転して、負圧を発生させて作動油を吸い込みます。歯車ポンプの歯面には、異物混入による筋状の引っかきキズが発生しがちです。

歯面の損傷は吐出量や圧力の低下につながります。この際、油圧ポンプのみを交換しても同様のトラブルが発生します。したがって、油圧タンク内に堆積した異物の確認が必要です（切りくずなど）。またサクションストレーナーの目詰まりや破裂などを点検しましょう。

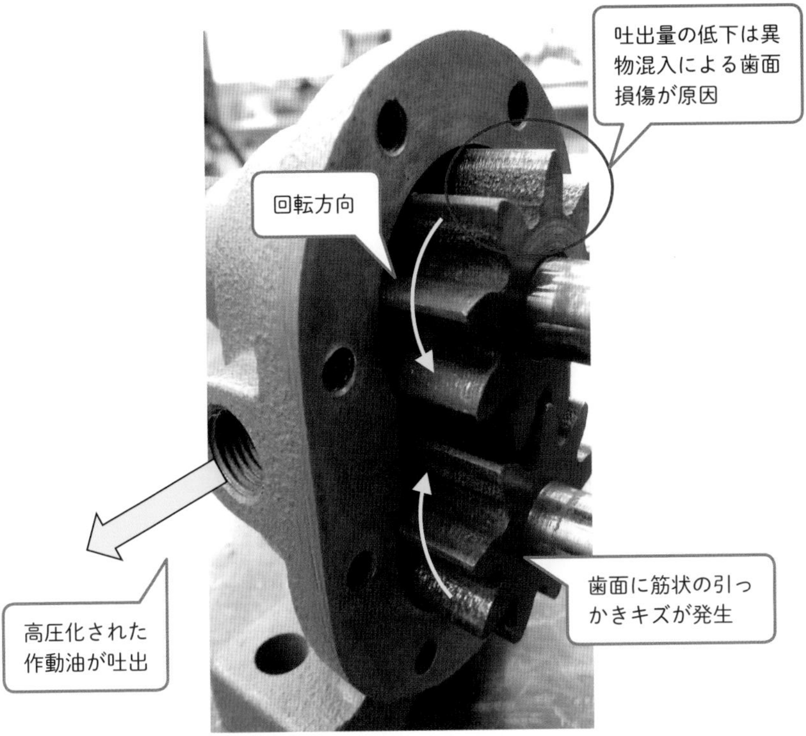
吐出量の低下は異物混入による歯面損傷が原因
回転方向
高圧化された作動油が吐出
歯面に筋状の引っかきキズが発生

図5-7-4 **歯面が損傷した歯車ポンプ**

ここがポイント
- 油圧タンク内部を点検して異物の状態を確認する
- 異物混入経路を封鎖する

# 5-8 油圧配管経路の漏れによる損傷を食い止める

作動油の漏れは、継手や配管の緩みや破裂によって発生します。漏れる場所や漏れ量によっては、各制御弁の圧力や流量低下に影響します。ここでは、油漏れと機器に及ぼす影響について確認します。

## ①油圧ホースも局所的な曲げやねじれで破損する

### 油圧ホースは引っ張りやねじれに弱い

油圧ホースは柔軟性が高いことから、各制御弁の切り替え時に発生するショックの吸収や、稼働時に振動が発生しやすい箇所などで使用されています。**図5-8-1**に油圧配管経路を示します。油圧供給ユニットから設備機器まで、油圧ホースが引っ張られながらねじられて配置されています。油圧供給ユニットの位置を変更して、油圧ホースへの負荷を軽減しましょう。

制御弁
3本の油圧ホースがねじられながら引っ張られている
油圧供給ユニットの接続配管がねじれている


設備のレイアウト変更などで配管のねじれが発生する

図5-8-1

**油圧ホースに作用する負荷を点検**

## 油圧ホースは接続部の損傷を点検する

図5-8-2に、油圧ホースのひび割れを示します。床などに油漏れが確認できれば、継手の緩みや油圧ホースも点検します。経年劣化などで硬化した油圧ホースを使用し続けると、破裂して大変危険です。油圧ホースを交換するときは、油圧システムの最高使用圧力以上に耐えられる油圧ホースを選びましょう。

## 金具が入手できるかが決め手

接続カプラーは、海外製や旧型設備などでは入手困難なものがあります（図5-8-3）。接続カプラーに在庫がないと、接続部ごと交換になります（在庫状況の確認は必須）。

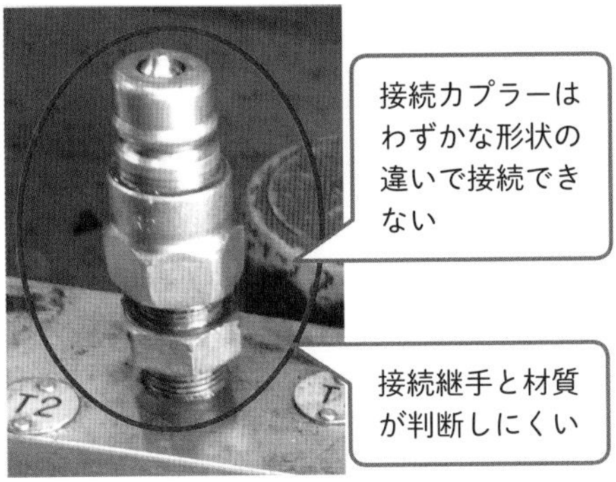
接続カプラーはわずかな形状の違いで接続できない
接続継手と材質が判断しにくい
T2

図5-8-3 既存の接続機器に適合できるか

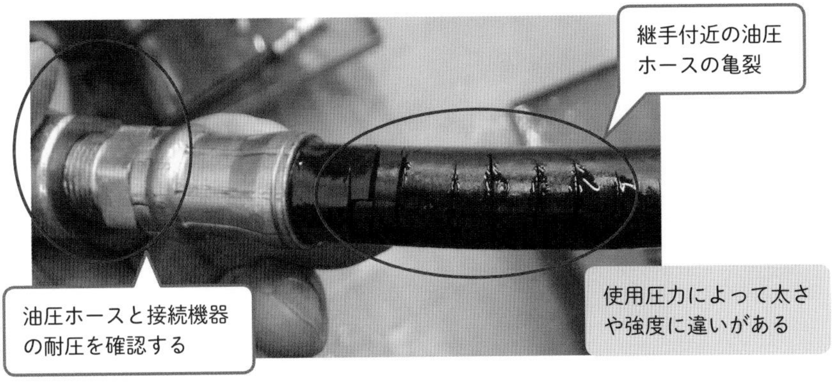
継手付近の油圧ホースの亀裂
油圧ホースと接続機器の耐圧を確認する
使用圧力によって太さや強度に違いがある

図5-8-2 経年劣化した油圧ホースは破裂する

ここがポイント
- 柔軟性のある油圧ホースも無理な接続は早期劣化を引き起こす
- 継手付近の油圧ホースが劣化が早い
- 接続カプラーに在庫がなければ接続部ごと交換になる

### ②弁座を叩く高い音はチャタリングが原因

### 圧力保持ができないことが原因

油圧回路では、圧力設定機器（減圧弁、逆止め弁、リリーフ弁など）が多くあります。図5-8-4に制御弁を示します。ばねでニードル弁を押しつけることで、設定圧力を保持します。

しかし、経年劣化によるばね力の低下や繰り返し発生する急激な圧力変動によって、流路を防ぐための弁座が摩耗します。その結果、設定圧力よりも低い圧力で脈動を生じながら漏れてしまうのです。このような現象はチャタリング（自励振動）と呼ばれ、比較的高い音を発します。

### 高圧時に発生する油漏れ原因を探る

油漏れは、シリンダに負荷が作用したときに顕著に現れます。継手の増し締めを行っても漏れが改善されない場合は、継手を一度外して状態を確認します。図5-8-5に継手の接続間違いを示します。

継手の端面はフラットな形状とテーパ形状があり、接続の相性が悪いと、シールテープを多重巻きにしても漏れは改善できません（図5-8-6）。また、無理に締め過ぎると、ねじピッチを損傷させます。

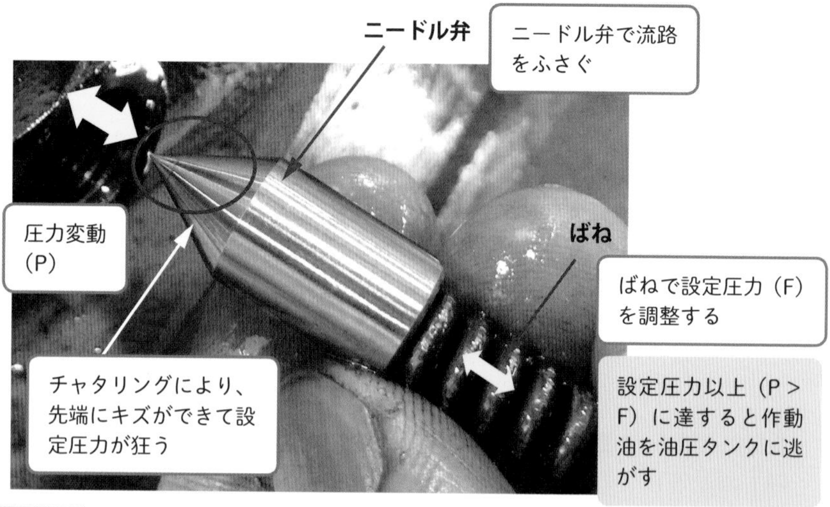
ニードル弁
ニードル弁で流路をふさぐ
圧力変動（P）
ばね
ばねで設定圧力（F）を調整する
チャタリングにより、先端にキズができて設定圧力が狂う
設定圧力以上（P > F）に達すると作動油を油圧タンクに逃がす

図5-8-4 低い圧力で脈動を生じながらリークする

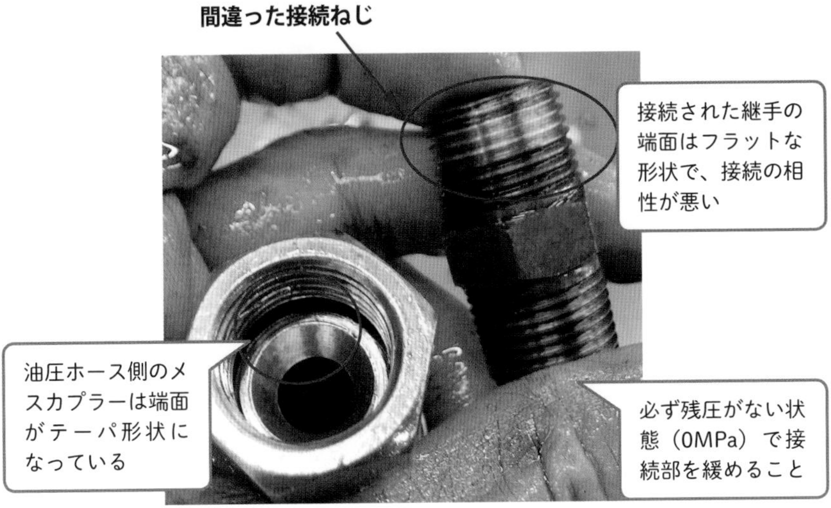
間違った接続ねじ
接続された継手の端面はフラットな形状で、接続の相性が悪い
油圧ホース側のメスカプラーは端面がテーパ形状になっている
必ず残圧がない状態（0MPa）で接続部を緩めること

図5-8-5 **継手の選定ミスは漏れを食い止められない**

端面がテーパ形状のタイプに変える
ねじ部の規格にはテーパ形状のR（PT）ねじやフラットなG（PF）ねじなどがある
材質には鉄系、ステンレス、真鍮がある
端面
ねじ部
適正な接続ねじ

図5-8-6 **継手はねじ部と端面の形状が決め手**

**ここがポイント**

- チャタリングが発生すると高い音を発する
- チャタリングによる弁座やニードル弁の損傷は圧力変動を招く
- 継手の選定ミスはシールテープで補強すると、ねじピッチの損傷につながる

## Column 4

# 「計器」のインジケーターをうまく活用しよう

いろいろな機器には「計器」がついています。点検項目に従って、計器をただ見ている「だけ」ではいけません。高経年化した設備の変化は、使用している担当者自身が一番わかっています。指針が設定値よりも高いのか低いのか、指針が常に振れているが異常なのかなど、機器の状態によって変わります。「設備の変化」を「診る」ことで、早期に異常をとらえたいものです。

写真に、圧力計の表示パネルを示します。使用例として、圧力降下（10%）を含めて範囲を設けます（設定値0.5MPaでは0.45～0.55MPa）。この範囲内に、指針が常に指していなければ異常と判断できます。また、緑の長針はコンプレッサの下限値にするなど、設備の使用状況に応じて調整するとよいでしょう。

範囲設定をうまく調整すると、変化の兆候をとらえやすくなります。この圧力計は何を示しているのか、どのくらい変化すると異常と見なすかなど、一緒に考えてみましょう。

緑の長針をコンプレッサの下限値にする
2つの△印（緑）を設定範囲にする
この圧力値の変化をとらえる
インジケーターは設備状況によって使い方を検討する
0.4
0.6
SMC
0.2
0.8
0
1
MPa

異常を知らせるインジケーターを活用しよう

# 索引

## タ



## ナ

〈著者紹介〉

## 小笠原 邦夫（おがさわら くにお）

1998年、日本工業大学大学院工学研究科機械工学専攻（工学修士）。半導体メーカー勤務を経て現在、高度ポリテクセンター素材・生産システム系講師。生産設備に関わる技術支援として機械保全全般、装置設計、安全活動などを行っている。
著書：「ひとりで全部できる空気圧設備の保全」「イチから正しく身につける カラー版 機械保全のための部品交換・調整作業」（日刊工業新聞社）
保有資格：空気圧装置一級技能士、油圧調整一級技能士、機械プラント製図一級技能士

### 受賞歴

2010　職業訓練教材コンクール「生産システムの理解と自動化機器製作の手引き」
2014　職業訓練教材コンクール「自主保全活動の進め方」
2022　職業訓練教材コンクール「作業安全実習テキスト」
2014　東北大学　石田實記念　奨励賞受賞　「自動化機器の装置設計開発」企業との共同研究

盲点を見逃さずにとらえる！
**カラー版 機械保全のための日常点検・調整作業** NDC531

2023年11月25日 初版１刷発行 定価はカバーに表示されております。

©著 者 小笠原 邦 夫
発行者 井 水 治 博
発行所 日刊工業新聞社
〒103-8548 東京都中央区日本橋小網町14-1
電話 書籍編集部 03-5644-7490
販売・管理部 03-5644-7403
FAX 03-5644-7400
振替口座 00190-2-186076
URL https://pub.nikkan.co.jp/
e-mail info_shuppan@nikkan.tech

印刷・製本 新日本印刷

落丁・乱丁本はお取り替えいたします。 2023 Printed in Japan
ISBN 978-4-526-08304-4 C3053